日本茶の「本流」

萎凋の伝統を育む
孤高の狭山茶

飯田辰彦 著

高林謙三翁像

鉱脈社

金子台地（入間市）の春。１番茶のシーズン到来

上：桜山展望台から俯瞰する金子台地
下：奥多摩の山並みをバックにした新茶どきの茶園（金子台地）

上：入間市宮寺の美しいテラス状の茶園
中：茶業公園から俯瞰する茶園（金子台地）
下：二本木の茶園脇に咲いていたシャガの花（茶園で必ず見かける植物）

右上：生け垣のさやまかおりの新芽を摘む伸一さん
右下：増岡園の「狭山野紅茶」。茶葉はさやまかおり
中上：飯能市宮沢の自然仕立て園
中下：志喜地園の本在来の新芽
左上：市川園（喜代治さん）の出品茶用の手摘み風景
左下：入間市二本木、二本木神社横の茶園

上：備前屋の日干萎凋
下：備前屋のゆめわかばの圃場にて（敬一郎さんと母堂の照子さん）

上：大西園（毅さん）の日干萎凋
下：志喜地園（善雄さん）の送風装置を使った萎凋風景

右ページ上：研修センターで出品茶用の手揉みに励む喜代治さん
　　　　下：４月30日、この日は嘉章さんのほか３人が出品茶づくりに挑んだ
左ページ上右：見るからに優しい手つきで葉振いをこなす嘉章さん
　　　　上左：自宅でひとり手揉みに取り組む毅さん
　　　　下：比留間園のUVT照射風景

上右：出雲祝神社に建つ重闘茶場碑（奥）と茶場後碑（手前）
左：茶樹に包まれた慈光寺山門
下：川越中院の庭に立つ「狭山茶発祥之地」碑

目次

引用：国土地理院 2万5千分の1
武蔵小川、東松山、越生、川越北部、飯能、
川越南部、青梅、所沢

小川へ
小川へ
嵐山小川IC へ
東松山市
菅谷
菅谷館址
青鳥城跡
箭弓稲荷神社
丸木美術館
東松山IC
物見山
木曽義仲産湯の清水
八高線
小川町
都幾山
霊山院
慈光寺
西平
建具会館
田中
水久保
将軍塚古墳
地球観測センター
こども動物自然公園
都幾川
歴史民俗資料館
鳩山町
赤沼
今宿
東武東上線
ときがわ町
越生梅林
坂戸市
法恩寺
越生町
龍隠寺
秩父へ
関八州見晴台
高山不動尊
黒山
出雲伊波比神社
毛呂山町
桂木観音
新しき村美術館
高麗川
脚折
鶴ヶ島IC
鶴ヶ島JCT
首都圏中央連絡自動車道
顔振峠
鶴ヶ島市
駒寺野新田
北平沢
天神社
富士山
高林謙三生家跡
日光街道杉並木
鎌北湖
高萩
川越線
高林謙三翁像
備前屋
埼玉県
福徳寺
高麗神社
聖天院
日高市
圏央道
飯能市
高麗郷民俗資料館
智光山公園
西武池袋線
宮沢湖
入間川
名栗渓谷
天覧山
東飯能
飯能
稲荷山公園
入間市
円照寺
高倉寺
市川園
航空自衛隊入間基地
桜山展望台
新久
東町
志喜地園
比留間園
大西園
豊岡街道
上谷ヶ貫
増岡園
金子丘陵
入間IC
青梅市
塩船観音
青梅IC
茶業研究所
入間市
二本木
宮寺
入間市博物館（アリット）
奥多摩へ
鉄道公園
多摩川
吉野梅郷
金剛寺
青梅
青梅線
重闘茶場碑
北野
東京都
瑞穂町
狭山湖
狭山不動尊
青梅街道
八王子JCTへ
八王子へ
1km

日本茶の「本流」

萎凋の伝統を育む孤高の狭山茶

一章

〝隠し球〟は無施肥・無農薬の実践家

萎凋場でひと息つく敬一郎さん

舞いこんだ天使からの熱い手紙

狭山の新茶シーズンは〝手揉み〟ではじまる――。二番茶の終了まで、つぶさに現地を取材しての、これは偽らざる実感である。この手揉み茶は、特別のケースを除き、一般には出回らない。しかし、狭山の茶業者たちは、売り物にならない手揉み茶づくりに、文字どおり全身全霊をかけて取り組む。それにはワケがある。

ひとつには、一番茶前の慌ただしい中でつくられるこの手揉み茶は、それぞれ夏に開催される「全国手もみ茶品評会」に出品され、覇を競う。つまり、全国手もみ茶振興会主催のコンテストが毎年開かれていて（平成二十七年が二十二回目）、個人及び産地としての日本一が決せられる。売り物にはならなくても、品評会で優劣が客観的に評価されるため、それがおのずと生産者たち相互のモチベーションを高めることにつながっている。

もうひとつ、狭山の茶業者たちが春一番の手揉みをおろそかにしない理由が、ある。

「その年の最初に収穫した茶葉（生葉）に直接手でふれるわけですから、当年の茶葉に関する最新のデータ・感触というものがわかる。たとえば、ことしの葉はやわらかいとか、葉が厚めだとか、また香り・味がよく立つとか……。そうすると、一番茶以降、そのデータに添った機械設定ができるわけです」

今回、狭山を代表する手揉みの名手三人に実演を見せてもらったが、この三人が三人とも同じ意味のことを言っていた。品評会に応募し、みずからの茶業に対するモチベーションを高めたいという思いは、容易に理解できる。だが、一番茶前の手揉みが、三人の名手が口を揃えて言うような役割（葉の様態のチェック）を担っていたとは、素人の私には想像もできないことだった。ちなみに、今回取材をお願いした手揉み三人衆とは、入間市手揉狭山茶保存会会長の市川喜代治さん、埼玉県手揉茶保存会会長の比留間嘉章《よしあき》さん、そして平成二十六年の覇者（一等一席）にして狭山茶業界の若手のホープ、中島毅《つよし》さんの三人である。

三人衆の手揉みの実技はあとでじっくり解説を加えるとして、今回、なぜ私が狭山茶の取材・執筆に取り組むことになったのか、その経緯から先に述べておきたい。四年前（平成二十四年）、〝日本茶シリーズ〟の第一作『日本茶の「勘所」』（静岡茶がテーマ）を上梓したとき、私はいずれは宇治・近江、狭山、九州、大和高原などのお茶についても、それぞれ一冊ずつの本にまとめ、日本茶が飲料としての過渡期を迎えている今、記録として残しておきたいと思った。結果として、宇治、大和高原、近江は一冊の本（つまり単行本）にまとまったが、狭山や九州は実現していなかった。

九州は単純に、取材で通うには距離が遠すぎて、経費がかさむことから、最初から除外するしかなかった。狭山（茶）については、その重要度からいっても、できることならシリーズの二冊目か三冊目には入れたかった。しかし、日本茶の取材をはじめて六、七年、それなりに人脈もできつつあったが、なぜか狭山は縁遠く、いつまでたってもよき出遭いに恵まれず、もはや狭山茶

の本を物すことは無理だろうと、私は半ば諦めていた。

だが、狭山丘陵の慈母神（それとも高麗《こま》王・若光？）は私を見限ったりはしなかった。前作（『日本茶の「発生」』）の取材が佳境に入っていた平成二十六年の十一月はじめ、一通の封書がお茶のサンプルとともに拙宅に舞いこんだ。これが〝天の配剤〟でなくて、いったい何であろう。その手紙には、以下のような内容が綴られていた。正直、読み手の私は気持が高揚して、息切れがするほどだった。

〈前略〉今夏、榎田さん（榎田将夫全茶連専務理事）より薦められたのが『日本茶の「勘所」』と『日本茶の「回帰」』。その後『日本茶の「未来」』『日本茶の「源郷」』と読み継ぎ、萎凋香に関して、かくも熱く語る茶の著書があった事に驚きと快感を覚えました。

上：若光の死後、その子聖雲が父の菩提を弔うために建てた聖天院
下右：若光を祭る高麗神社
下左：聖天院にある若光の墓

私は埼玉県日高市で『備前屋』という狭山茶産地問屋を営んでおり、入間市・狭山市・所沢市・日高市・飯能市にある十箇所の製茶工場と相対の取引を行いながら、狭山茶を商っております。先代である父が萎凋香に魅了され、萎凋香のある煎茶の製造と販売に努めてまいりました。きっかけは〈さやまみどり〉という埼玉県で選抜し、昭和二十八年に農林登録された品種の香味だったそうです。「静岡より新茶期の遅い狭山は新鮮香を追及しても無理がある。狭山の上級茶は萎凋香主体であるべきだ」という信念をもっていました。自園はもちろん、取引先の生産家にも萎凋香を奨励。昭和五十年代頃より天日萎凋（日干萎凋）を行っていました。

〈さやまみどり〉は萎凋香の性能に優れた品種です。その後埼玉県茶業研究所で開発された品種のほとんどに〈さやまみどり〉のＤＮＡが伝えられており、萎凋香に特長のある品種が生み出されております。特に〈ふくみどり〉は香気のみならず、味でも萎凋香を感じることのできる後継品種で、とても気に入っております。

手紙の主は、備前屋の現当主（社長）、清水敬一郎さんだった。その文面から、差し出し人の誠実な人柄と、お茶に対する深い造詣が手に取るように知れた。しかし、私を狂喜させてくれた最大の要因は、敬一郎さんがいともさり気なく開陳する萎凋（香）にまつわるエピソードだった。敬一郎さんは「萎凋香に関して、かくも熱く語る茶の著書があった事に驚きと快感を覚えました」と書いて下さったが、私にしてみれば、かくも真剣に萎凋に取り組んでくれている問屋がこの国にあったことに、まったく同様の驚きと快感を覚えたのである。

萎凋を放棄して久しい、すさみ切ったこの国の茶業界。海外の産地（紅茶とウーロン茶）を回り、萎凋でお茶の八割が決まる現場をこの目で見てきた身にとっては、目の前の現実は容易に受け入れられなかった。子どものころにはまだこの国にも、萎凋香のお茶がたしかに存在した。我々の世代は、そうした〝香りのお茶〟で日本茶の嗜好が形づくられた。だから突然〝新鮮香〟などと言われても、余りにもバカげていて、腹を立てる気にもなれなかった。当時（昭和四十年代末～五十年代初頭）、萎凋香が失われてゆくことにいちばん危機感を募らせたのは、敬一郎さんの先輩にあたる、心ある全国の茶商たちであった（『日本茶の「勘所」』参照）。残念なことだが、その茶商も今や、萎凋の意味さえ解さない低レベルに堕ちてしまった。

敬一郎さんの手紙でもうひとつうれしかったのは、拙著を本人に薦めてくれたのが全茶連（全国茶商工業協同組合連合会）の専務理事、榎田さんであったこと。私が日本茶に興味をもち、取材をスタートさせたころ、榎田さんは月刊『茶』（静岡県茶業会議所）の編集長を任じておられ、たまたま編集部をたずねた私に、お茶の連載コラムをもたせてくれた。「ティータイム」とタイトルされた連載は結局四年半も続き、この間、私は榎田さんの恩義に報いるべく、がむしゃらに勉強し、全国の産地を歩き回った。

ただ、常に本音丸出しの私の執筆スタイルに、さぞや編集長は苦労されたことと思う。私に対する批判の矢面に立ってくれたことも、一再ではなかったはずだ。おかげで、榎田さんの無言の叱咤を糧に、私は本心を曲げることなく六冊の日本茶本を上梓し、今また七冊目の執筆に励んでいる。私も子どもではないし、業界に気を遣った文章の書き方は、しようと思えばいくらでもまできる。しかし、これまでのささやかな経験から、本音が通せない業界（国も同じ）に未来も、飛躍の可能性もないことは、私も身にしみて理解しているつもりだ。だから、業界の息災な存続・発展を願うのであれば、どこかに本音を言える悪役（ヒール）、もしくは異端の存在が欠かせないはず。私にはそんな役回りをする気はサラサラないが、まやかしが堂々とまかり通る現実だけは、そう簡単に見逃すわけにはいかなかったのだ。

得がたい資料が目の前に差し出され

それはともかく、敬一郎さんの手紙を落手したとき、ひょっとして念願の狭山茶の取材に入れるかもしれない、と私は漠とした期待を抱いた。手紙からにじみ出る人柄がおのずと人脈の広がりをうかがわせ、そのネットワーク上に浮かぶ多士済々の顔触れが想像できた。一刻も早く敬一郎さんに会って狭山の茶業界の現状を聞きたかったが、双方多忙でひと月がたち、ようやく対面がかなったのは、師走に入って十日ばかり過ぎた某日だった。その日は横浜で小さなお茶の集まりがあり、私が会に誘うと、敬一郎さんが快く応じてくれたのである。

案の定、備前屋の当代は青年の面差しを残す格好いい中年紳士で、颯爽と元町の日本茶カフェに現れた。挨拶もそこそこに、狭山茶の現況を質すと、五年前の放射能騒ぎの影響は多少残っているものの、産地一丸となって再起につとめた結果、今ではほぼ旧状に復しているらしい。若手の生産者の〝元気度〟では、むしろ他産地を凌駕しているともいう。これを聞き、私が胸をなで

おろしたことは、言うまでもない。狭山茶のたしかな復興を直接当事者から聞くことができ、また狭山茶の本のイメージが広がったからである。

　すると、そんな私の気持を察した若社長は、「まずは一度狭山にお越し下さい。ポイントだけでもご案内します」と、気遣ってくれる。遠慮深い（？）私も、この申し出だけは断わるわけにはいかなかった。千載一遇のチャンスとは、これを言うのである。書き下ろしの作品の執筆で寝る暇もない時期ではあったが、訪問のスケジュールを年明けの一月二十二日と決め、当日は茅ヶ崎始発の相模線にとび乗った。八王子で八高線に乗り換えると、その列車が川越線の武蔵高萩駅まで直行する。そこは住所でいうと、埼玉県日高市（旧入間郡日高町）である。

　敬一郎さんの指示どおり、駅前の県道（十五号線）をしばし東にとると、道路に北面して城のような大店が現れた。備前屋の本拠である。老舗とは聞き及んでいたが、これほどの大商家とは思いもよらなか

右：大店然とした備前屋の外観
左：備前屋に伝わる古い印

った。店舗の裏手に勝手口があり、そこを入ると応接を兼ねた休憩室がある。この部屋にはまたお茶の品質をチェックする七つ道具が揃っていて、シーズンにはここがお茶の鑑定室になるに違いない。たしか敬一郎さんは、萎凋工程をへた約二千キロの荒茶が店にもち込まれると言っていた。

私は当初から不思議に思っていた備前屋の屋号の由来から、まず主に質問することにした。

「その昔、旅籠を営んでいた本家が、青山備前守というお方から頂戴した名前だと聞いていま

ゆめわかばの幼木と敬一郎さん

す。曾祖父が新家をおこすとき、備前屋の屋号を引き継いだと聞いています。その創業は、当家に伝わる古い印（判子）から、明治初年とされています」

聞けばなるほどと合点がいくが、最初名刺に備前屋の文字を見たときは、なぜ武蔵国で〝備前〟（岡山）を名乗るのか、つい気になってしまったのだ。備前屋が創業した明治初年という年代は、狭山茶がひとつの画期をしるした時代でもあった。つまり、幕末に締結された通商条約により、国内に六カ所の港が開かれ、海外との自由貿易がはじまる。すると、日本茶は生糸に次ぐ輸出産品となり、国内の茶産地は一躍活況を呈することになる。そのとき主要な役割を演じたのが狭山茶であり、明治八年に黒須村（現入間市）に設立された狭山製茶会社であった。

明治期をふくめた狭山茶の歴史については次章でじっくりふれるが、私がこれ（狭山茶の歴史）に強い興味を抱くキッカケとなったのが、六年ほど前に入間市博物館（アリット）で手に入れた「狭山茶の歴史と現在」と銘打たれた小冊子だった。アリットの開館十五周年（平成二十一年）を記念してつくられたパンフレットとのことだが、ページをチラリと繰った瞬間、私はそれが途轍もない茶資料、歴史資料であることを見抜いてしまった。アリットは〝お茶の博物館〟と別称されるほど日本茶研究が盛んなミュージアムとして知られ、気鋭のスタッフが揃っている。その彼らが編集した小冊子なのだから、中身の充実振りは推して知るべしだ。

なかでも、特に私の目を引いたのは、古代にはじまるお茶を介しての（広い意味での）狭山と近江との繋がりだった。詳しくはあとの章に書くが、古代から中世、近代へと移ろう時代の中で、近江と狭山が兄弟のごとく演じたお茶の歴史ドラマが、そこに鮮やかに描かれていたのである。

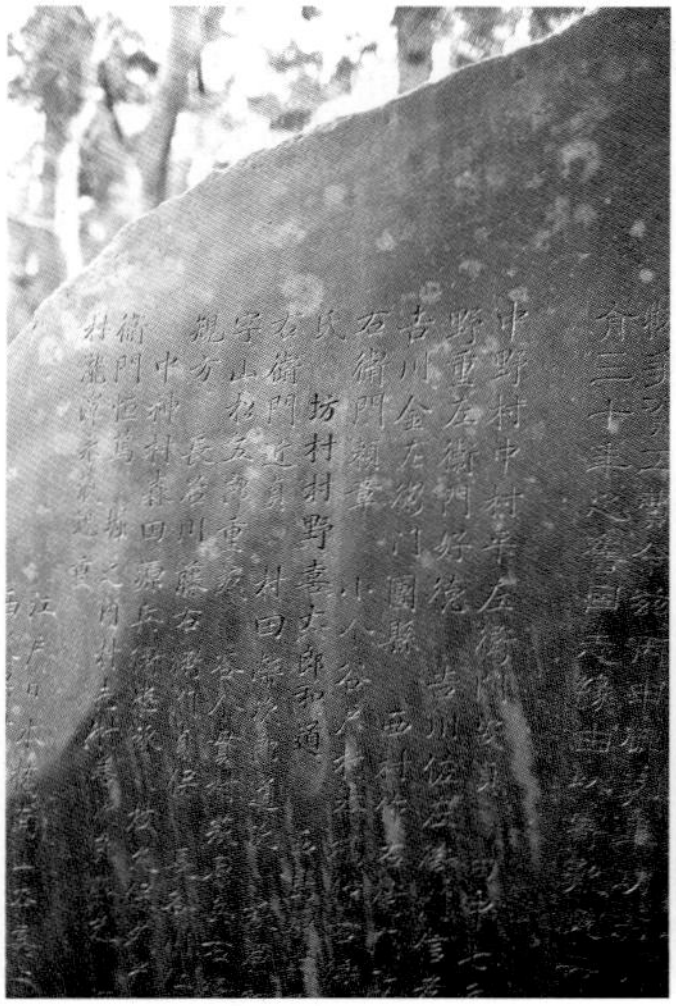

これは奇縁でなくて、いったい何であろう。私は六冊目のお茶本（前作）として〝近江茶〟（『日本茶の「発生」』）を上梓したばかりであり、まさか狭山茶がそのあとに続くとは、予想もしなかった。やはりこれも茶縁に恵まれた、と考えるべきだろうか。

　ところで、私は六年前にアリットを訪ねた、と書いた。だから、正確に言えば今回の狭山訪問は二度目になるが、初回のときは所沢在住の友人の車で金子丘陵（狭山茶の主産地）をサッと案内してもらっただけで、取材ではなかった。遠足気分でアリットのほか、茶業研究所の試験圃場、重闘茶場碑（後述）、そして上谷ヶ貫にある比留間園（比留間嘉章《よしあき》さん）を駆け足で巡った。比留間園は八年前に日本茶の取材をスタートさせたときから気になっていた狭山の生産者で、このときはあいにく本人は不在のため、噂の〝微発酵茶〟をしこたま買いこみ、家路についたのだった。

　だから、今回は直接本人に会って挨拶すべく、敬一郎さんに、訪問プランの中に予め嘉章さんへのインタ

右：重闘茶場碑が建つ出雲祝神社
左：同碑の背面

ビューを組みこんでもらっていた。あとでわかったことだが、ふたりは同世代で、しかも名前で呼び合うほど親しい間柄にあるとか。いまだ狭山茶の業界相関図（?）が頭に入っていない筆者としては、まずは幸先のいいスタートが切れたのかもしれない。

さて、明治期の狭山製茶会社の話題で盛り上がったあと、続いて敬一郎さんの口から出てきたのは、高林式粗揉機の生みの親、高林謙三に対する熱い称賛と、その偉大な業績の割に正当な評価を受けていない現状に対する不満だった。そういえば、謙三の出生地は平沢村（現日高市）であり、敬一郎さんにとっては郷土の先輩にあたる。

筆者も謙三に関する人並みていどの知識（粗揉機の発明者といったレベル）はもっているはずだが、なるほどそれ以上のことは何も知らない。敬一郎さんに批判されても、文句は言えない。

「彼（謙三）の果たした業績は、茶業関係者でさえ十分に理解していない。有名な高林式粗揉機も、なぜ地

右：謙三の生誕地碑（日高市北平沢）
左：日高市の民俗資料館に保存されている高林式粗揉機

元埼玉で製造されることなく、産地としてライバルの静岡（菊川）の工場でつくられることになったのか、狭山の人間でもその経緯《いきさつ》を知っている人は少ないんです。じっさいに高林式は素晴らしい機械ですし、狭山茶の未来を考えるとき、謙三の再評価は必須のことだと考えます」

こうした敬一郎さんの発言は、そのまま私に向けられたものでもあった。その顔には、「狭山茶の本であれば、当然謙三にふれないわけにはいきませんよね」と描いてある。むろん、私は最初から狭山茶の本を書くのであれば、謙三は避けては通れないテーマだと感じていた。だが、断片的な資料しかもち合わせず、その点の不安は払拭することができなかった。すると、不意に席を外した敬一郎さんが、片手に箱入りの本を携えてもどってきた。私はその薄手の箱入り本のタイトルを見て、一瞬声を上げそうになった。

『高林謙三翁の生涯とその周辺』（静岡県茶業会議所）――。もちろん、本書の著者が森薗市二（故人）であることぐらい、私はもとより知っている。それは、日本茶の取材を本格化させて以来、ずっと読みたくて八方手を尽くしても、ついに手に入らなかった本だった。表題の高林謙三ももちろん大事だが、私にとっては著者が森薗市二であることも、同じくらい重要なのである。拙著『印雑一三一』を読んでくれた読者には説明は不要と思うが、森薗は私が〝現代の茶神〟と仰ぐ有馬利治（故人）の数少ない腹心のひとりであり、しかも森薗はその経歴（宮崎・静岡の茶業試験場技官）の晩年に、私が愛してやまない傑作茶品種、「藤かおり」の育成に成功している。森薗と藤かおりに関心のある方は、『印雑一三一』と『日本茶の「勘所」』を併せて参照してほしい。

「死んだ父は、いい図書は常にたくさん買いおきし、必要とする人に差し上げるのが好きでした。もしよろしかったら、こちらの本（『狭山茶五十年のあゆみ』狭山茶倶楽部）もおもち下さい。たしか、著者の太田義十さん（故人）は、飯田さんと同じ静岡の出身だったはず。そうそう、義十さんこそ萎凋を狭山に根付かせた張本人なんです」

私は森薗の本で一度驚き、もう一冊の太田本で完全に腰を抜かしてしまった。これから狭山茶の取材に取り組もうとしている筆者にとって、これほど心強い〝援軍〟はあるだろうか。片や、名著として知られる高林謙三の評伝であり、もう一方はまさに私が今回メインテーマとして想定している狭山茶の現代史。ちなみに、太田義十は森薗と同様、経歴のほとんどを茶業試験場（埼玉県茶業研究所）でつとめ上げた生粋の技術者で、昭和三十五年に同所長を定年退職している。

生年は明治三十年二月、静岡県志太郡和田村（現焼津市）の生まれというから、私の郷里（牧之原市）のすぐ東隣だ。前述の有馬が明治四十五年の一月生まれだから、太田はちょうど有馬の十五歳先輩にあたる。じつは、拙著『印雑一三一』はお茶の品種名（正確には系統番号）がタイトルになっているが、中身はその育成者である有馬利治の評伝ともいうべきもの。日本茶の「本質」にこだわった唯一の研究者として、私は拙著の中で彼の事績を克明に追い、その名誉回復とともに再評価を読者に訴えた。

今、狭山の熱き経営者から私にとっては無名に等しい太田の著作を手渡され、即日読了した素直な印象は、「まさに〝狭山の有馬利治〟だな」というものだった。この国のお茶の研究畑に、もうひとり本質の何たるかを解する人間が存在したのである。有馬は、試験場時代には四十八歳で退職を余儀なくされるという不遇を味わったが、その点太田は場内でも、また埼玉の茶業界においても、幸福な現役生活を全うしたようだ。太田が果たした数多の役割の中で、その最重要のものはやはり、敬一郎さんの口から出た「萎凋を狭山に根付かせた」ことに尽きる、といっていい。私はこれまで狭山茶と萎凋を結びつけて考えたことは一度もなく、その意味でも敬一郎さんが教えてくれたこの事実は、青天の霹靂ともいえる重大事だ。

謙三と太田ふたりの計り知れない功績については、あとで詳述する。それにつけ、日本茶本の七冊目に至ってようやく、私は心置きなく萎凋のこと、さらにはお茶の本質について語ることができそうだ。とても感慨深いものがある。だから、こんどの本のタイトルは迷うことなく『日本茶の「本流」』とした。今にして思えば、近江茶から狭山茶へとつながった流れも、またここにきて謙三や太田が浮上してきた連鎖も、すべては既定の線上に描かれていたシナリオなのかもしれない。その〝見えない力〟との間をとり持ってくれた敬一郎さんは、私にとって、さしずめ狭山の中年キューピッド（失礼！）と言えるだろう。

UVT誕生の裏に鉄観音の香りの衝撃

昼過ぎまで備前屋で敬一郎さんから狭山茶のレクチャーを受けた私は、社長みずから運転してくれる車で、入間市上谷ヶ貫の比留間園（比留間嘉章さん）をたずねた。嘉章さんはすでに茶業界では大御所的存在で、私も日本茶の取材をはじめて以来、対面できる日をずっと心待ちにしてきた。雲の上の存在でもあり、私は緊張を隠せなかったが、きょうは心強い同伴者がいる。だが、そんな心配も杞憂に終わった。嘉章さんが明晰な頭脳の持ち主であることは瞬時にわかったが、それ以上に私が強く印象づけられたのは、この噂人《びと》の人当たりのよさ、また話をけして逸らさない驚くほどの誠実さであった。

「ウチは昭和五十二年創業の、入間市では最後発の製茶工場なんです。当時はちょうど狭山茶の〝変革期〟で、深蒸し茶の技術が導入されはじめたころでした。機械の名前さえ知らないまったくの素人の私でしたが、新しいお茶（深蒸し茶）への取り組みにおいては、私のような新米もベテラン茶師も、同じスタートラインに立つしかなかったんです。ここまで茶業を続けてこられたのは、そんな変革期が幸いしたのかもしれません」

こう、嘉章さんは冷静に創業当時を振り返る。じつに的を射た指摘だと思う。浅蒸しから深蒸しへの転換に際しては、消費者からは想像もつかないような変革が生産者に求められたのだ。深蒸しへの移行が狭山茶産地にとって幸か不幸であったかは、また別の問題であり、これについてはこのあと、おいおいに議論を深めていくつもり。敬一郎さんや嘉章さんの言い分も、たっぷり聞いてみたい。

きょうは挨拶だけのつもりであったが、嘉章さんを一躍時の人にした紫外線照射芳香装置（UVT—HIRUMA）誕生の経緯だけは、そのサワリだけでも聞いておきたかった。私は六年前にすでに、この装置から生み出された微発酵茶を店頭で購入し、嘉章さんが知らない間に飲んでいる。

「春には装置がじっさい稼動しているところを見てもらいますが、まだまだ発展途上の機械だと思っています。改良の余地が残されているということです。萎凋を考える発端となったのは、問屋に荒茶をおさめるとき、『きょうのはいいネ』と評価されるお茶が、ことごとく萎凋香がついたものだったんです。でも、それらは意識的に萎凋香をつけたものではなく、機械の効率の悪さから、勝手に（香りが）ついたものでした」

「当時の私は、まだ萎凋の意味がまったくわかりませんでした。そんなとき、従弟のところでウーロン茶、たしか鉄観音でしたが、それを飲む機会があり、その飛び抜けた香りに衝撃を受け

ＵＶＴ（紫外線照射芳香装置）と嘉章さん

まして……。問屋のグループ内でもインパクトのある萎凋煎茶を飲まされることが重なり、そのころから『これは〝萎凋〟を研究する必要があるのかな』と、思いはじめるようになりました」

そうだったのか。私がうれしく思ったのは、当時は狭山の茶業界でも蒸れ臭（〝トヤ臭〟と言った）は一般には敬遠され、積極的に萎凋に取り組む茶業者は少なかったが、お茶の世界に入って間もない嘉章さんは、それをよくないことと決めつけるのではなく、逆に萎凋の芳香が出る原因を突きとめる方向に興味が向かったのだ。ここが凡人と天才の分かれ目なのだが、今、萎凋で一時代を築いた嘉章さんは、「アレ（萎凋）は酸化ですが、大切な工程です」と断言する。このひと言に私が大喜びしたことは、言うまでもない。

ところで、これまで手揉み茶にまったく関心のなかった私は、嘉章さんが一昨年（平25）の「全国手もみ茶品評会」の一等一席（チャンピオン）を受賞していたことさえ、知らなかった。「UVTはともかく、新茶の時期にはぜひ手揉みも取材して下さい」との嘉章さんの誘いに、私は穴があったら入りたい気分だった。UVTの発明者にして手揉みのチャンピオン、やっぱり嘉章さんは天才の側に属する人なのであろう。春の手揉み取材を約して、比留間園からは最寄りの茶業研究所、そして入間市博物館へと向かった。

茶業研究所では持田孝史所長が対応して下さったが、この二カ月後には別の持ち場に移動されてしまい、少々面食らった。しかし、春には加工が専門の研究員、梶浦圭一さんと知己になり、その後、いろいろと刺激をいただいている。博物館ではベテラン学芸員の工藤宏さん、茶器に詳しい梅津あづささんにお目にかかることができた。聞けば、工藤さんは例の図録「狭山茶の歴史と現在」を中心になって編集した方であるらしい。短い時間ではあったが、狭山茶の取材で外せないポイントを、懇切にご教示下さった。梅津さんにはまた、狭山茶の次の茶器本（常滑焼）の取材に役立ちそうな資料を、快く恵贈いただいた。じつに幸運な出遭いであり、幸先のよさを敬一郎さんとともに喜び合った。

萎凋香研究の一環で取り組んだ紅茶づくり

あとは金子丘陵外れの金子駅（八高線）あたりに運んでもらい、満ち足りた気分で列車にのるつもりだった。しかし、敬一郎さんのプランでは、もうひとり、私に紹介してくれる人物が残っているらしい。それは、比留間園と同じ上谷ヶ貫で自園・自製の店（増岡園）を営む増岡伸一さんで、敬一郎さんの言葉を借りれば、「独特で、鋭い感覚をそなえた茶業家」であるらしい。今回、敬一郎さんが選《え》り抜きの〝鋭い〟茶業人ばかりを紹介してくれることはわかっていたが、〝独特の〟個性は私がもっとも歓迎する人物像にほかならない。

案の定、であった。伸一さんは十分すぎるほど個性派の茶師だった。私は喜びを隠すのに精一杯で、自己紹介も忘れて、たちまち圧倒的な増岡ワールドの引力に引き込まれてしまった。そんな私の興奮を察してか、さりげなくテーブルに差し出されたのは、一杯の紅茶であった。

「有機栽培をはじめたのは、かれこれ三十年も前のことです。紅茶への取り組みも、すでに二十五年になります。たぶん、私は狭山ではもっとも早く紅茶をつくったお茶屋だと思います。紅茶をやるキッカケは、緑茶の萎凋香に紅茶づくりのノーハウがフィードバックできないか、と考えたんです。それがいつの間にか、紅茶にのめり込んでしまって……」

私はこのひと言を聞いただけで、伸一さんの茶師としてのレベルの高さを、瞬時に嗅ぎわけた。じっさいには、伸一さんの話は「動物性タンパクも早《はや》十年以上、(肥料として)畑にやっていませんし、無施肥の圃場もつくってあります」と続いたのだが、私には最初のひと言で、どう続きが展開するのか、十分読めていた。敬一郎さんは取材初日の最後に、途轍もない〝隠し球〟を用意していたのである。

何のてらいもなく出された紅茶を、ひと口すすってみる。少なくとも〝べに系〟の三品種でつくられたものではないことは、わかる。高いメントール香がないからだ。しかし、じつに品よく、シャープな香気をそなえている。これが萎凋研究の集大成としての紅茶に違いない。今、巷に寝ぼけたような〝和紅茶〟が氾濫する中で、こうした飲むに足る本格紅茶が求められている。

「ウチの紅茶の主力品種である〈さやまかおり〉です。今ではだいぶつくる人も、面積も減ってしまいましたが……。これ(さやまかおり)には思い出がありまして、ちょうど高校を出てすぐ、一年間、茶業試験場(当時)に通っていたとき、まさに育成中の品種だったんです。毎日、原種圃で挿し木を手伝わされた記憶があります」

と、伸一さん。最近は不人気の代名詞のように言われる品種だが、私は個人的にもこの渋みが強く、濃厚な香気をもつさやまかおりの大ファンだ。毎年、一番茶の時期には、磐田市大平《おいだいら》(静岡県)の鈴木正士さんからさやまかおりの定期便が届く。特に萎凋掛けもしない普通のつくりだが、山間地で育つ有機・無農薬の茶葉を原料にする正士さんのさやまかおりは、深蒸しにもかかわらず、とてもインパクトが強い。そういえば静岡・川根本町の名人、土屋鐵郎《てつろう》さんも、素晴らしいさやまの萎凋煎茶をつくっていたはずだ。

思わず萎凋煎茶と書いたが、さやまかおりの品種特性のひとつとして、萎凋を施すと、それに応じて爽やかな萎凋香（花香）を発揚させるという特長がある。伸一さんも参加した育成作業に

茶葉の萎凋具合をチェックする伸一さん

より、昭和四十六年にはさやまかおりは品種登録にこぎ着けるわけだが、萎凋香が出やすい特性はその初期の選抜段階にヒントがありそうだ。つまり、さやまかおりにたどり着く母木は、もともと昭和三十三年に播種された静岡産のやぶきたの自然交配実生から選抜された個体だった。

その際、花粉親（♂）は突きとめられておらず、その形態的及び遺伝的特徴から、すでに失われてしまった外国の系統と考えられている（『茶の品種』静岡県茶業会議所）。やぶきたの自然交配実生というと、何となく限定的なイメージを抱いてしまうが、まさにこのさやまかおりのケースのように、その花粉親によっては相当ユニークな品種を生み出す可能性を秘めている。育種の妙、ということになろうか。

今回の取材の成果をさっそくひけらかすつ

右：入間市二本木の緩斜面に広がる茶園
左：増岡園の狭山野紅茶

もりはないが、ここで前もって確認しておくと、昨春品種登録されたばかりの〈おくはるか〉をふくめると、埼玉県で戦後育成された茶品種はちょうど十種を数える。登録順に列記すると、〈さやまみどり〉(昭28)・〈おくむさし〉(昭32)・〈さやまかおり〉(昭46)・〈とよか〉(昭51)・〈ふくみどり〉(昭61)・〈ほくめい〉(平4)・〈むさしかおり〉(平13)・〈さいのみどり〉(平17)・〈ゆめわかば〉(平20)・〈おくはるか〉(平27)となる。読者諸兄はこの中のいくつの品種をご存知か。そして、どの品種のお茶を味わったことがあるだろうか。

それはともかく、これら十種の埼玉茶試育成の茶品種(以下狭山種)には、ほぼすべてに共通する特性がある。それはまさにさやまかおりに代表されるような、萎凋香が出やすい特質を指す。狭山種の育成にとって、さやまかおり以上に重要な役割を演じたのがさやまみどりだ。これについては、敬一郎さんからの最初の手紙（前掲）に明記されているとおりであり、その部分を以下に再録してみる。

〈さやまみどり〉は萎凋香の性能に優れた品種です。その後埼玉県茶業研究所で開発された品種のほとんどに〈さやまみどり〉のＤＮＡが伝えられており、萎凋香に特長のある品種が生み出されております。

正確を期すならば、さやまみどりの〝血〟を引く品種は〈さやまかおり〉〈さいのみどり〉〈ゆめわかば〉を除く計七種。ちなみに、さいのみどりはさやまかおりの実生に由来し、ゆめわかばはやぶきたと埼玉九号（やぶきたの実生）の掛け合わせ（交配）。ゆめわかばは、花粉親の埼玉九号に香り発揚の秘密が隠されているのかもしれない。

つまり、狭山種の十品種はすべて、程度の差こそあれ、萎凋香が発生しやすい特性をそなえていることになる。だが、私が真に感動したのは、そうしたステキな品種特性を知ったことではなく、取材の発端である敬一郎さんはもとより、彼に勝るとも劣らない萎凋の〝生き字引〟を発見したことだった。この時点で、私は今回の本（原稿）がはっきり「萎凋」を核にしたお茶本になることを、確信したのだった。七冊目にしてはじめて、何の気兼ねもなく、堂々と萎凋の語彙を駆使できると思うと、何やら感慨深くもあった。

八高線の車内に落ちついたところで、増岡さんとの出遭いのインパクトを反芻しつつ、もらった名刺を改めて眺めてみた。表側にはＪＡＳの認証マーク、日本茶インストラクター、十五代園主といった文字が控え目に印刷されている。目が釘付けとなったのは、名刺の裏側だった。「埼玉県第一号、唯一の四種認定茶工場です」の文字の下に、次のような表記が並んでいる。

茶園　有機農産物生産工程管理者　No.110090701
工場　有機加工食品生産工程管理者　No.202050701
店舗　有機加工食品小分け業者　No.309071301
（認定機関／日本有機農業生産団体中央会）

※　埼玉県特別栽培認定　全茶園特別栽培

〝四種〟とは、いちばんうしろの特別栽培までをふくめた数だろうか。私には有機に対する特別な思い入れはないが、ここでいかにも伸一さんらしいなあと思ったのは、「埼玉県第一号」という称号である。いいと思ったことに対しては、口よりも先に体が動くという伸一さんの行動原理が、いかん無く発揮された結果に違いない。私はすでに、伸一さんが動物性タンパク抜きの有機・無農薬をブレーク・スルーして、とうに無施肥・無農薬の領域に踏みこんでいることを知っている。

これまで、狭山茶の聖域はなかなかその本丸に近づくことは許してくれなかったが、いざ正面玄関からベールの内側をのぞいてみれば、そこには桁外れの〝沃野〟が広がっていた。そのエデン（楽園）に私を導いてくれたのは、萎凋の意味と価値を解する熱きお茶の伝道師（敬一郎さん）だった。いったいこの楽園には何が秘められ、また何が出番を待っているのだろうか。これはまさしく〝宝探し〟であり、私にとっては一種の探検にほかならなかった。

アドベンチャーの序章は、春一番の〝手揉み〟ではじまるはずである。

二章 手揉みのノーハウが生きる機械製茶

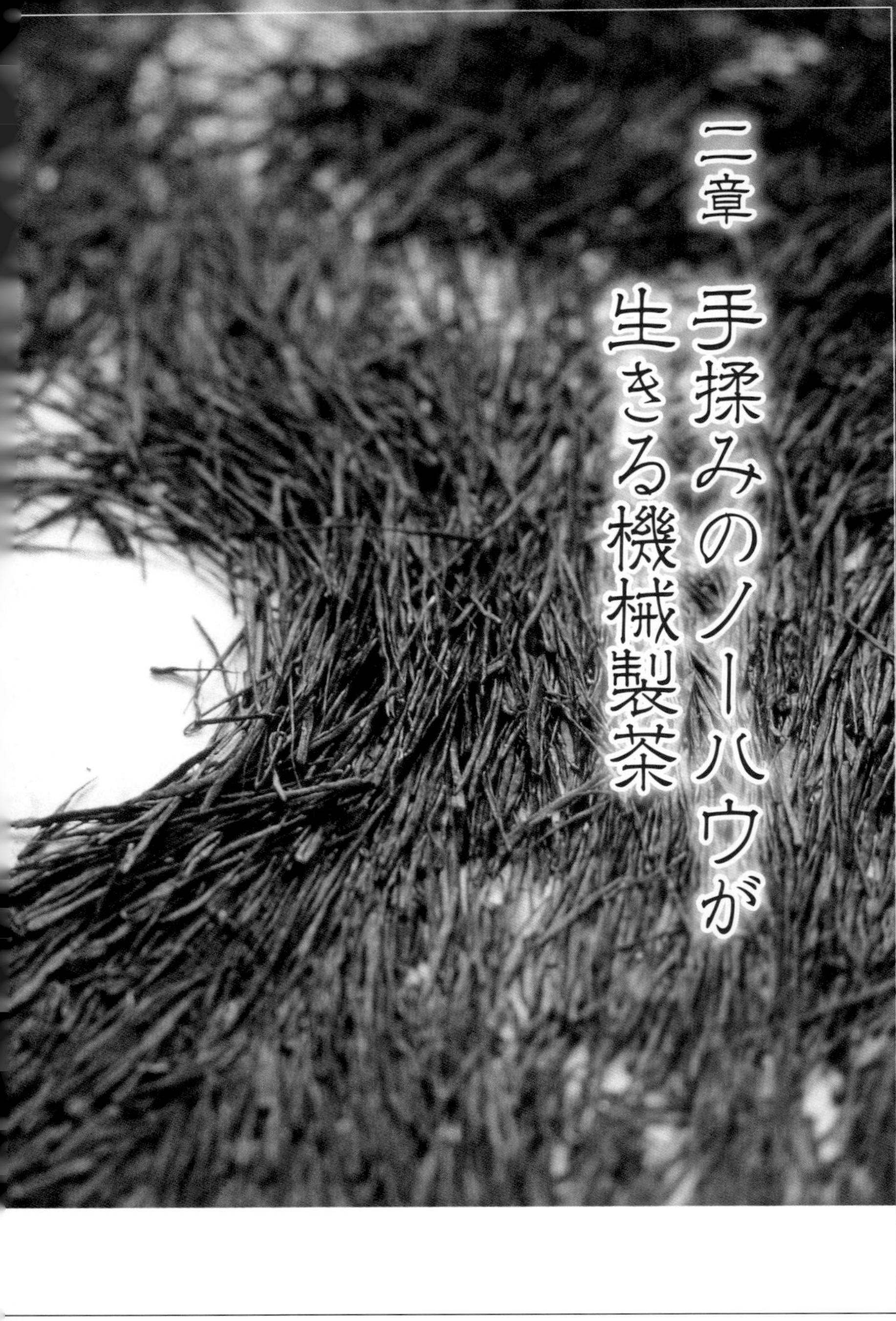

手揉み茶の乾燥工程。中央につくられた
円形の穴は放熱用（嘉章さん作）

狭山茶業の躍進を支える研修センター

入間市手揉狭山茶保存会の会長である市川喜代治さんに指定された時刻は、早朝の五時であった。まだ天空に星が宝石のように瞬《またた》く午前三時、湘南の自宅を車で出た。キッカリ五時、同市東町の市川園に到着。太陽が昇る直前の薄明の時間帯で、茶工場の建物をくぐって屋敷の裏手をのぞくと、喜代治さんと奥さん（祐子さん）のふたりが早くも茶畑に覆いかぶさるように、品評会用の新芽の手摘みに余念がない。一瞬、どこかで見た風景だと錯覚したのは、ふたりの姿がミレーの名画「落穂拾い」と重なったからであった。

改めて明け方の茶園を見回すと、一反歩ばかりの広さの圃場が、三方をグルリ宅地に囲まれている。まさに典型的な都市型農業の立地で、大都市近郊（入間～池袋間は特急でわずか三十分）の農業の今を、見事に絵解きしてくれていた。金子丘陵のゆったり、のどかな茶園を見ているだけに、同じ狭山茶といっても、生産現場の環境はことほど左様に落差があるものかと、つい目の前の光景に見とれてしまった。ちなみに、市川園では金子丘陵にも広い圃場を保有している。

「こっち（市内）だと機械ひとつ使うにも、騒音にならないかと気兼ねしてしまうけど、その点、金子のほうは人の目（耳も？）を気にせず作業ができるから、うんと仕事がしやすいですね」

とは、喜代治さんの本音だ。喜代治さんは人一倍、外の作業（畑仕事）が好きな人だから、い

っそう金子ですごす時間が楽しいに違いない。
と、何の解説も加えずに、読者を入間の町中の茶園に引き込んでしまったが、ここに至る経過を少し説明しておかねばなるまい。年明けの一月にスタートさせた狭山茶の取材は、これまでの経験から春から夏にかけての茶期には現場は超多忙となり、肝心のインタビューが取りづらくなるため、私は二月から茶期前の四月上旬にかけての期間、先方を拝み倒して、何度も聞き取りに通わせてもらった。快く取材に応じて下さった今回の登場人物の皆さんには、この場を借りて、改めて感謝の思いを伝えたい。
さて、何度か狭山との間を往復しているうちに、初回に嘉章さんから勧められた手揉み取材の中身が、はっきりしてきた。ことしは入間市の保存会からは十二人が出品するそうで、そのうちの三人が、今回私がお茶の取材をお願いしたメンバーの中に入っていた。その三人とは、前に書いたと

出品茶用の新芽を手摘みする
喜代治さんと祐子さん

おり、喜代治さんと嘉章さん、そして去年（平26）三度目の農林水産大臣賞（一等一席）に輝いた若手のホープ、中島毅さんである。ところで、手揉み茶の保存会は同じ狭山茶産地である所沢市や狭山市にもあるそうだが、入間市の保存会が断然積極的に取り組んでいるらしい。メンバーの数も多い。

そんなわけで、三人の手揉み茶取材はスンナリと決まり、日程も喜代治さんを筆頭（四月二十六日）に、四月三十日が嘉章さん、ラストが五月三日の毅さんで決定。手揉み茶の製造には当然焙炉《ほいろ》が必要となるが、その点、当保存会の環境はとても恵まれている。茶業研究所の東一キロほどのところに、平成十二年、全品（全日本茶品評会）の埼玉開催を記念して入間市農業研修センターが建てられた。施設の建設目的はズバリ、狭山茶の品質改善の研修拠点とすることにあった。そのため、農業構造改善事業の補助を受けたとはいえ、じつに立派な建物と、充実した設備がととのえられている。

小枝の新芽を1本1本摘んでゆく喜代治さん

センターは二階建てで、一階の中央に三十五キロの荒茶製造のラインを設置した研修工場があり、その奥に再製室を併設。二階には広い研修室があり、一階から吹き抜けになった研修工場を、二階の見学用通路から見下ろせる構造になっている。一階の再製室は、春の手揉みの時期だけ焙炉部屋にしつらえられ、再製の機械に代わって、最多で六台の焙炉が運び込まれる。この研修センターにはじめて足を運んだとき、私は狭山茶業界の底力と本気度を、まざまざと見せつけられる思いがした。

市川園の早朝の茶畑にもどる。喜代治さんと祐子さんによる手摘みは、粛々と続けられている。声を掛けるのがはばかられるような空気感だが、つい物書きの性《さが》で、言わずもがなの質問を次々に発してしまう。だが、優しい喜代治さんは嫌な顔ひとつ見せず、ひとつひとつ丁寧に答えてくれる。私は嘉章さんのときに感じた、人の話をけしてそらさない誠実さ、また律義さを、今また喜代治さんからも感受したのだった。ひょっとすると、こうした気質は狭山人共通の特性（徳性）なのかもしれない。

「きょう摘んでいるのは、五～六年生のやぶきたです。全品の出品茶の原料がおおかたやぶきた種であるように、手揉み茶品評会に出品されるお茶も、ほとんどがやぶきたです。ことしは摘むのが例年より三～四日早く、このあとの一番茶もだいぶ摘採が早まりそうです」

と、喜代治さん。やぶきたアレルギーの私は、手揉み茶でもやぶきたが幅を利かせていることを知り、少し腰が引けた。原料に使うやぶきたの新芽には、五日ほど前から九五パーセントの（遮光率の）寒冷紗をかけるそうで、手揉み茶にも〝被《かぶ》せ〟が流行しているらしく、露地派としては複雑な気分にならざるを得なかった。喜代治さんによれば、手揉み茶の大会では、外観・香気・水色・滋味の四つの審査項目に加え、手揉みならではの〝色沢〟という項目が立てられているのだという。被せの流行は色沢への対応であることは、言うまでもない。ちなみに、手揉み茶においても、これら五項目の中では外観がもっとも重視されるわけで、全品（機械揉み）と何ら変わるところがない。

「出品茶は当然手摘みが基本になりますが、爪を立てないで、一芯二葉で〝折り摘み〟します。

上：研修センターに到着
下：さっそく送帯蒸し機にかける

ハサミは茎の細胞を破壊しますので、我々は使いません。摘採が終わった手摘み園は、五月末ごろに深く枝をカットし、そのまま放置し、来年にそなえます」

喜代治さんの説明である。ふたりの手摘みは黙々と進行し、午前七時ころには手揉みに必要な三キロ（二回分）ほどを摘み終えた。品評会の出品には製品で四百五十グラムが必要だから、生葉では三キロていどが目安となる。摘採が済むと、喜代治さんはそそくさと朝食をかっこみ、軽トラの荷台に生葉をのせて、焙炉の設備がある研修センターに急行する。入間の市街地に立地する市川園と、金子丘陵にある研修センターとは七キロほど離れており、住宅街から広々とした茶

まずは助炭のノリはけから

園へと変化する車窓風景が楽しめる。

八時前にはセンターに到着し、生葉室に摘んだばかりの原料を運び込むと、喜代治さんはさっそく〝蒸し〟の準備に取りかかる。手揉みの品評会用でもあり、生葉は蒸籠《せいろ》でむされるものと思っていたが、あに図らんや、じっさいに使われたのはカワサキの二百キロの送帯蒸し機だった。蒸し時間はわずか十一秒、狭山でも現今は深蒸しが主流（一般の機械製茶）となっている実情を考えると、何やら拍子抜けする短かさだ。

「これ（くらいの時間）でも、しっかり蒸しは通っています。蒸された葉の緑色がキレイなのは、遮光（被せ）のおかげです。遮光をしないとどうしても黄色っぽくなり、色沢（の項目）で減点されてしまいます」

十一秒で茶葉の完全蒸しができるのであれば、どうして業界は深蒸しなどにこだわるのだろうか。渋みをとるため？　渋みがダメという消費者には、もとより日本茶を飲む資格はないはずだ。日本茶の〝命〟は萎凋香と渋みであり、これらをともに放棄してしまった現在の日本茶に、明るい未来を望むのは筋違いである。チッ素多投による毒々しい茶葉の緑色と、喉を通らない不自然な旨みにしがみついている限り、いくら待っても日本茶の次のステージはやってこない。

我がふる里は手揉みの本場だった！

さて、蒸し葉を冷却機にかけた喜代治さんは、再製室におかれた焙炉の上にセットする。焙炉には前もってコンニャク糊《のり》を塗り、表面を滑らかにしておく。こうして、手揉み茶の最初の工程である「葉振い」が九時十分にスタート。葉振いは現代の機械製茶で言えば粗揉にあたる。と、書いたところで、やはり手揉み製茶のいちおうの流れを前もって押さえておきたい。それぞれの工程についいては、このあと順次解説を加えていくので、ここではザッと一連の流れだけ記すことにする。

最初の葉振いのあとは、機械製茶で言うところの揉捻に相当する「回転揉み」に移る。この回転揉みには〝軽回転〟と〝重回転〟があり、ともに茶葉がふくむ水分の均一化が狙いだ。これに続いて、機械製茶の中揉にあたる「揉み切り」に入る前段として、「玉解き」「中上げ」「助炭整備」の三工程をこなさなければならない。玉解きは文字どおり、重回転で団子状態になった茶葉の塊を解きほぐす作業。ほぐした葉は助炭（焙炉上面の和紙部分）からとり出し、浅い中火籠またはゴザの上に薄く広げて放熱する。これが中上げ。

助炭整備は後半の仕上げ揉みに向けて、茶渋の除去（清掃）を目的としたもので、濡れタオルを使って行う。助炭表面がキレイになったら、ここで再びコンニャク糊をはいておく。仕上げ揉みの最初の工程は「揉み切り」で、機械製茶の中揉に相当する。続いて、機械製茶の精揉にあたる「転繰《でんぐ》揉み」へと移る。この転繰り揉みには〝散らし転繰〟と〝強力転繰〟があり、前者から後者へと連続する作業だ。

仕上げ揉みの最後は「こくり」。〝こくる〟は〝擦《こす》る〟と同義で、こくりは転繰揉みの延長上にあって、精揉の最終段階と思えばいい。ここまでくると針のように見事な手揉み茶が完成し、あとは「乾燥」を残すのみとなる。以上が手揉み製茶の典型的な流れだが、これはあくまで標準製法（平成十六年に統一）による模範的工程で、じっさいには各流派ごとに細部が微妙に異なる。そこで、標準製法の工程の詳しい解説に入る前に、手揉み流派誕生の背景を見ておきたい。参考にしたのは大石貞男著『日本茶業発達史』。

これには、流派誕生の舞台裏が次のように活写されている。

> （明治）維新前後に各県がきそって取り入れた宇治製法は、その技法が揉切り仕上げであるから、品質は良好であるが、労力を要し、能率が上がらず、しかも形状の整わぬうらみがあった。そのために、明治初年ころから明治20年ころまでに多くの茶師たちの改善への努力がつづけられた。そして、茶揉みの一派を開くと、茶教師として伝習所を開き、弟子を養成した。これは、ちょうど幕藩時代の剣道流派のようであった。技術を習得した人たちは茶師と呼ばれて、茶農家に雇用され、茶摘み婦の毎日摘んでくる茶をもんだのである。茨城、埼玉、静岡、京都、三重などには、焙炉を10～20以上も所有し、茶師を雇い入れて茶揉みする大経営もあらわれた。要するに茶揉み労働者が産まれたのである。（傍点筆者）

〝剣道流派のよう〟とは、じつにわかりやすい譬えである。宇治の揉切り流はいちおう完成した技法であったが、それに飽き足りない他地方の揉み手たちは、そこに独自の工夫を加え、一流をなしていった。その中心を担ったのは静岡（県）の茶師たちであった。榛原《はいばら》郡川崎町（現牧之原市）の田村宇之吉は、牧之原士族の中条景昭・山本忠敬の炉長をしていた明治八〜九年ころ、「回転揉み」を案出した。十年ごろには〈田村流〉を旗揚げする。ちなみに、榛原郡川崎町（のちに榛原町と改称）は筆者の出身地であり、ふる里が手揉みの〝聖地〟であると知ったのは、恥ずかしながら、日本茶の取材を本格化させて以後のことである。

志太《しだ》郡岡部町（現藤枝市）の柴田作太郎は、明治五年に「片コクリ」を案出する。これは転繰り揉みの初期のものとみられ、作太郎は〈鳳明流〉を名乗った。この一流は、内山重太郎が明治三十年ごろに至って完成させている。ちなみに、作太郎は地元志太郡はもとより、県外では三十年に岐阜、三十一年からの三年間は長崎県にそれぞれ出向いて指導している。

同じく川崎町の橋山倉吉は、田村流を学んでから十七年に十六歳の若さで「転繰り揉み」を考案して、揉切り流と対決した。翌年（十七歳）には遠州・駿河五郡にわたり伝習会を開き、千二百名以上に教えている。明治二十一年から三年間は川崎町に常設の伝習所を開設し、県内はもとより愛知・三重・奈良などから参集する者が二千七百八十名に達したという。その上で、倉吉は愛媛県に指導に出向いている。類い稀な若さといい、その果たした功績の大きさからみても、倉吉は間違いなく天才の部類に属する人間であった。

ここで注目すべきは、宇之吉の回転揉みと、宇治製法の揉切りと、それに倉吉の転繰り揉みを結びつけると、今日でも行われている静岡型製法がほぼでき上がることになる。揉切り（あるいは〝より切り〟）製が一日六百〜七百匁の製茶量であるのに対し、転繰り製は一〜二貫目の作業効率をあげられた。当然のことながら、こうした静岡発の手揉み製法は、全国的にも高い評価を受けた。じっさい、明治二十八年に京都市で開かれた第四回勧業博覧会では、静岡県の茶業者に対して名誉金牌が贈られた。そのとき、静岡の製茶業を称える表彰文には、次のような文言が並んでいた。要約して掲載する。

二十四年前（すなわち明治四年）までは茶業は幼稚に属していたのに、静岡県の当業者は「ヨリキリ」「デングリ」の二法を発明して、大いに面目を一変して旧来の産茶地方を凌駕し、海外輸出の量が千六百余万斤、金額四百八十余万円に達するに至った。これは茶業者の木鐸《ぼくたく》であるとともに、国家の福利を増進した効果が大きい。（傍点筆者）

木鐸は金口木舌《きんこうもくぜつ》、〝世人を覚醒させ、教え導く人〟の意。それにしても、静岡の製茶業はじつに高い称賛を浴びたものだ。「旧来の産茶地方を凌駕した」という評価はともかく、「国家の福利を増進した」と言われては、さぞや鼻高々であったことだろう。だが、文中でちょっと引っ掛かるのは、「ヨリキリ」法（揉切り）を静岡の発明としている箇所。揉切り法は宇治が本家本元であり、これでは宇治の立つ瀬がないではないか。

その点、『日本茶業発達史』の著者である大石は、「宇治製法が揉切り法であるのに、ヨリキリ法を発明したというのはやや異様な感をうけるが、当時の宇治の揉切りは完全なものではなかったので、撚《よ》り（捩る）ながら真中から切る手法を作ったということであろうか」と、推測している。やはり大石もこの点は奇異に感じていたとみえ、このような推量を立てたのである。たぶん、大石の推測は正鵠《せいこく》を射たものなのであろう。

静岡では前記の先駆者のほかにも、新しい流派を立てた挑戦者が数多くいる。たとえば、小笠郡南山村（現菊川市）の赤堀玉三郎は、明治九年ごろに〝にぎり〟の手法から「天下一」の製法を編み出し、外観の優美なことで内外の人々の称賛を浴びている。このほか、江沢長作の「青透流」（明治三）、漢人恵助の「青澄法」（明治九）、立花兵吉の「教開流」など、二十をこえる流派がこの時期に輩出した。

たしかに、回転揉みに転繰り製法をとり入れることにより、能率もあがり外観も優美になったが、一方で外観にとらわれすぎて品質内容が低下したという批判が出た。そこで、揉切り法に属する「川根揉切り流」（中村光四郎）・「宇知太流」（和田三次）・「小笠揉切り流」などは、自己の流派が品質優位であることを改めて主張した。小笠揉切り流は製茶共同販売会社（共益社）をつくって対応し、片や川根では大正年代に入るまで転繰りが行われなかったらしい。ことほど左様に、この時代は手揉み技術がお互い鎬《しのぎ》を削っていたのである。

手揉みの妙味は〝葉切れフリー〟にあり

流派の説明を終えたところで、再び研修センターの再製室にもどる。喜代治さんの葉振いがおもむろにはじまった。助炭におかれた湿り気たっぷりの蒸し葉を、喜代治さんは右から小手に拾い、はじめのうちは高さ五十センチぐらいから振るい落とす。振るう際には指先を巧みに使い、茶葉が手前に回るように振っている。

「葉振いは、蒸し葉に風をあてることで気化熱を発生させ、徐々に水分を奪っていく作業です。助炭の温度は最初は高めに設定し、だんだん低くしていきます。そして、葉振いの終わりころになったら、〝葉形付け〟という動作を行います。茶葉が真っすぐ撚れるよう、揉切り的な手の動

生き物のように踊る葉振い中の茶葉

きを加えることで、葉にクセをつけるんです」

まさに葉振いは機械製茶でいうところの〝葉打ち〟、葉形付けは同じく粗揉機の〝葉ざらい〟〝揉み手〟の機能そのものではないか。葉形付けも葉振いの最後のころ、つまり茶葉の水分が減るにつれ、かなり強めに揉み切るようにするらしい。だが、ここに重要な手揉み茶製造のポイントが潜んでいるという。喜代治さんはこう、指摘する。

「機械製茶だと、深蒸しにしろ、浅蒸しにしろ、茶葉の原形のまま、つまり一枚の葉につながったまま、飲み茶として完成することはありません。どこかの工程で、かならず〝葉切れ〟をおこし、結果、お茶に渋み・苦みがでてしまう。その点は手揉みでも同じことがいえ、葉切れをおこしたら同様に苦・渋みがでてしまいます。力の入れ方・加減で葉切れを防ぐところに、手揉みの妙味があるんです」

要は、お茶の苦・渋みの原因は茶葉の葉切れにあり、機械製茶ではいずれかの工程でその葉切れがおきてしまい、苦・渋みから完全に逃れることは不可能だ、と。もちろん、私のように渋みがお茶の命だと考える人間にとっては、茶葉が葉切れをおこしてくれないと困るのだが……。萎凋の話はまた別のテーマになるが、こと苦・渋みに関しては、業界は目ざとくも深蒸しという製造法を編みだし、見事に茶葉からお茶の命である渋みをとり去ってしまった。拙著『印雑一三一』で明らかにしたように、深蒸しはもともと萎凋とセットの製造法であり、萎凋を置き去りにして、蒸し時間にだけ業界が走ったことは、日本茶にとってとり返しのつかない不幸だった。萎凋は別のテーマどころか、深蒸しと一体の技術であったのである。

この葉切れについては、面白いエピソードがある。増岡園の伸一さんを二度目にたずねたとき、現時点で私が日本一の茶師であると信じる、月ヶ瀬（奈良市）の岩田文明さんの煎茶を試飲してもらった。もちろん、奈良在来に丁寧に萎凋をかけた、私がもっとも愛する日本茶だ。すると、どうだろう。このお茶をひと口啜《すす》った伸一さんは、間髪を入れずに、こうのたまったものだ。

「これを揉んだ生産者は、手揉みの経験がない人ですね。経験があれば、機械（揉み）でももう少し渋みが抑えられるはずです。狭山ではこうしたお茶はつくりませんし、つくっても売れません」

と、ストレートに批評を下した上で、伸一さんは「でも、これはとてもいいお茶です」と、文明さんの萎凋煎茶への賛辞も忘れなかった。伸一さんも若いころには手揉みに没頭した経験をもつだけに、私はこの時点で、狭山茶の製造の基本が葉切れをおこさせない点にあることを、はっきり認識できた。嗜好品であるお茶の苦・渋みを抑えることが、お茶自身にとって幸せか否かは別として、狭山の茶産地では手揉みのノーハウを生かした機械製茶が、現に行われているのである。

さて、喜代治さんの葉振いは、終盤に近づくにつれ茶葉の色みは黒くなり、嵩もだんぜん小さくなっている。ここまでおよそ四十五分、続く工程は回転揉みである。最初は軽回転で、喜代治さんは五分の一ていどの茶葉を軽く握り、両腕を助炭の上いっぱいに伸ばし、左右に集散・転換しつつ、適度な圧力を加えながら、均一に揉んでゆく。体を屈めてリズミカルに左右に揺する様は、ちょうど屈伸のダンスを踊っているようだ。初期の回転速度は毎分六十回（往復で一回）内外

であるらしい。見ていると、これがじつに速く感じるのだ。このときの要領としては、茶葉が乾くにしたがい、回転の速度を落とし、葉団も大きくし、さらに散らす茶葉を少なくするのだという。手首を返して揉むこともコツのひとつらしい。

軽回転の揉みの後半では、さらに茶葉の水分の均一化をはかるために、助炭の上を〝たすき〟に転がすことも入れる。このとき、掌中の茶葉はかならず助炭の中心部を通るようにすることがポイントだそうな。二十五分ほど軽回転を続けたあとは、同ていどの時間をかける重回転に移る。最初は軽回転揉みの操作で、ぜんぶの茶葉を一団とし、回転幅を五十センチ内外に狭め、体重をしっかりかけて練り揉みを行う。

「重回転では、太い茎がふくむ水分を絞り出すことに重点をおいています。この水分をとっておかないと、このあとの工程で熱が加わったときに、茎の中が蒸れちゃうんです」

軽回転中の喜代治さん

喜代治さんの解説である。重回転の最終コーナーでは、葉団をつくって、手首を使いながら押し込めるイメージで、突き練り込みを行う。この際、葉温が上がり蒸れないよう、二回に一回は破団を行う必要がある。と、ここまでに葉振いからすでに一時半ていどの時間が経過しており、喜代治さんはすでに相当の汗をかき、かなり腰にもきている様子。じっさいに手揉みの現場を見て、ここまでハードな作業だとは、私は暢気にも想像だにしていなかった。だが、手揉みの本番はこれからである。

左右に葉団を転がす重回転揉みの操作に変化が現れた。喜代治さんは葉団に対する圧力を徐々に緩め、同時に回転速度と手使いは逆に速める。葉団が解きほぐれるにしたがい、喜代治さんは指先を熊手形にし、前後左右にかき混ぜ、さらに平手使いにほどいてゆく。「玉解き」である。最終的に一手拾いで玉解き揉みを施し、素早く葉団を解き済ませると、喜代治さんは全体がしっとりと深緑色に染めあがった茶葉を助炭からとり出し、浅い中火籠に移して、「中上げ」に入る。玉解きは五分とかかっていない。

中上げでは、揉み込んだ茶葉を籠に薄く広げて放熱し、玉解きの不十分なところを補い、水分の均一化を図る。加えて、このあとに続く仕上げ揉みを行いやすくするため、軽い揉み切り的操作で冷揉みをしておく。時間は十分とかけなくていいらしい。冷揉みを終えたら、「助炭整備」が待っている。茶葉が中火籠にある間に、助炭の清掃（茶渋の除去）をしておくのである。

整備ではまず、助炭の縁から五センチくらいあけて、濡れタオルで水切り線を引き、助炭の茶渋が浮きはがれるだけの水を張る。このとき、火力は強くしておくのがポイント。しばらくして、

助炭中央の茶渋を指で軽く動かし、はがれることが確認できたら、拭きとりOKのサインだ。絞ったタオルを用意し、助炭上部中央より右回りに、茶渋を取り除きながら回し拭きをし、中心部に拭き集めて処分する。茶渋の処理が済んだら、このあとの仕上げ揉みにそなえて、再度、糊掃《は》けをしておく。

もうひとつ、茶葉が中火籠にある間にやっておくことがある。食事（昼食）である。ここまでの工程でも十分はっきりしたことは、手揉みが途轍もない体力と精神力を要するという事実だ。特に、中腰状態が延々と続くため、腰に対する負担は想像を絶するものがある。だから、五十代の嘉章さんはもとより、三十代の毅さんでさえサポーターをつけて作業に臨んでいたのは、腰を痛めないための、必須の対策なのである。

同時に、空腹を抱えていては、このあとさらに三～四時間も続く激務に、とうてい耐えることは

中火籠に中上げされた茶葉

できない。作業の途中でもあり、とてものんびりと食事をとる状況ではなかったが、喜代治さんはいかにも栄養価の高そうな愛妻弁当を午後に続く重労働にそなえて、しっかり摂っていた。このささやかなランチタイムが、狭山の手揉み戦士たちの腰を守っているのかもしれない。

焙炉の苦労がお膳立てした機械製茶

慌ただしい昼食のあとの仕上げ揉みは、「揉切り」からスタートする。はじめは助炭上の茶を右側から小手に拾い、手早に振り揉切りをする。このとき、右の拾い手は指をあまり広げずややタテ形で拾い上げ、力を加えすぎて固まりができないよう振り揉むのだという。茶葉が乾くにしたがい、〝三手拾いの二手返し〟の方法で茶をよく揃えて拾い上げ、親指を立てることなく小指面と食指（人差し指）面に力を入れて締め、掌を前後に激しく擦り合わせ、掌中の茶が揉まれつつ、上下に飛び散るようにする。

「ここ（揉切り）では、最初は軽く、だんだん力を入れてゆくイメージです。さらに乾燥が進めば、拾い上げた全部をそのつど揉み落とす必要はなく、次の拾い手に移り、上乾きを防ぐことに留意します」

実演の中で、喜代治さんが的確にポイントを解説してくれる。機械製茶にあてはめれば、揉切りはさしずめ中揉の工程にあたるだろうか。それにつけ、揉切りでの茶師の手捌きはいちだんと美しく、私は子どものころに近所の精揉機屋に入り浸り、飽かず揉捻機の動作に見とれていた場

面を思い出した。喜代治さんは揉切りにきっかり一時間をかけた。腰にあまり負担のかからない工程とはいえ、後半にかけていっそう腕に負荷のかかる揉切りは、けして楽な仕事ではない。

揉切りが機械製茶の中揉にあてはまるとしたら、次の「転繰揉み」は精揉にあたる。この揉みも二段階に分かれていて、それを区別するのは茶葉がふくむ水分の多寡だ。作業の前半は〝散らし転繰〟と呼び、この段階ではまだ水分が多いため、葉揃いした茶葉を緩めにもち、押し手と受け手を抱き合わせ、やや斜め左右に振り動かしつつ、掌中の茶葉が擦れ合って回転するようにする。その際、助炭上で三手使いで左に移動し、二手使いで元（右）へもどしながら、手早く散らし揉みを行う。

右：喜代治さんの揉切り
左：同じく喜代治さんの転操揉み

このときの掌中の茶葉量は、全体の三分の二くらいが適度らしい。

茶葉の乾燥が進んだことを見計らって、喜代治さんは転繰の後半、〝強力転繰〟に移ってゆく。散らし転繰との違いは明らかで、強力転繰に入ると手の振りは小さくなり、散らし葉を減らし、手首に力をかけて強く揉み込んでいる。さらに、散らし転繰のように揉み位置を移動することなく、散らし葉を巧みに掌中に収葉し、上乾きを防いでいることがわかる。ただ、転繰揉みの全体について言えることは、喜代治さんの手の動きを見ている限り、この段階では前工程の揉切りも微妙に流れに組み込んでいて、じつに複雑で魅力的な手揉みの世界を現出させる。ちなみに、喜代治さんが転繰にかけた時間は、散らし、強力それぞれ十分ずつで、計二十分だった。

このあとに続く「こくり」は、その作業内容

転操揉みのアップ

からいえば転繰揉み（精揉）の延長のようなものだが、手仕事の美しさが凝縮されているという意味で、手揉み製茶の白眉といっていいかもしれない。たぶん、この工程を子どもや外国人がはじめて見れば、間違いなく彼らは感動で立ち尽くすだろう。そして、一度は手揉みをみずから体験してみたくなるに違いない。

では、こくりの具体的な手の操作を解説すると――。まず葉を集めつつ葉揃いを行い、両手で正面にタテ型、山高に押さえる。続いて、その山を前方に少し押し、手前に残った茶葉を左側に合わせ、次に手前に少し引き、上に残った茶葉を同じく左側から合わせる。全体（茶葉の塊）を横にし、握り手幅になるように三分し、これをひとつに重ねたあと両手で抱き合わせてもち、指先を助炭面に接して一～二度軽く屈伸し掌中の茶葉をなじませる。その上で、左右の手を交互に屈伸して掌中の茶葉に回転を与えつ

延々と続くこくりの作業

つ、強く揉む（こくる）。

はじめのうちは、左右三回ずつこくる。次に、掌中の茶葉を崩すことなく助炭上におき、この操作を延々と（私にはそう見えた）繰り返す。喜代治さんはじつに一時間余りも、この操作を続けた。

「こくりでは、両方の手をいかにうまく使い、茶葉の乾燥度に合った葉揃いをするかが、ポイントになります。この段階でも、揉切りの所作を効果的に絡ませているんですよ。こくりを進めるにしたがい、どんどん水気がとれ、茶葉が細くなってゆくのがわかります。乾いてくると、茶葉がパリパリとした感じになり、ここで度をこしてしまうと、針のように仕上がった茶葉が折れてしまいます」

たぶん、茶葉の乾燥度に合った葉揃いとは、茶葉を折らせないためのテクニックなのであろう。最後に、こくりの操作をしつつ、茶葉の塊を助炭の右側に移し、掌の長さになるように正面にタテ形に押さえ、そのまま助炭右端に寄せる。続いて茶葉をそっともち上げて、粉部分を残し元の位置にもどす。再度、こくりの手順でひとつに合わせもち、下に残った粉を指の背を使って右端に寄せたのち、助炭上に揉み切り干しをする。粉の位置に残った本茶も上手にとり出し、助炭上に広げ、粉は右端面に薄く広げておく。これで、手揉みの最終工程である「乾燥」に入ったことになる。

周りに散った茶もきれいに整え、助炭上に広げた茶葉の中央部分に放熱用の円形面をつくる。放熱用の穴は直径十センチ弱で、黒々と仕上がった茶葉を夜の宇宙に見立てるなら、ちょうどそれは夜空にポッカリ浮かんだ月のようだ。

手揉みを完遂し、ホッとした
表情を見せる喜代治さん

「この穴はいわば煙突の役割をするんです。乾燥には二時間をかけますが、三十分に一回の割合で茶葉の手返しをします。手揉みは最後の最後まで、手間がかかるんです」

と、言いつつ、乾燥までたどり着いた喜代治さんは、手揉みを完遂した充足感と安堵感で、じつに穏やかでスッキリとした表情をしている。疲労は極致に達しているに違いなく、それでも大仕事をやり遂げた喜びのほうがはるかに勝っているとみえ、喜代治さんはひと言も「疲れた」とは言わない。乾燥が済んでも、このあとにまだ「仕上げ」が待っていることもあり、完全には気が抜けない事情もある。

「仕上げは十一号の篩《ふるい》を使って行います。乾燥を終えた茶葉を篩に入れて下から網目をたたくと、茶葉が立って真っすぐな葉は網目を通って下に落ちるんです。曲がった葉だけが上に残る。真っすぐな葉の割合は三百グラムていどです。次に回し篩いをすれば、粉が下に落ちて、これで仕上げは完了ということになります」

こうして篩い分けた本茶は真空パックに入れ、七月に行われる品評会まで冷蔵庫で保管する。気がつけば、時刻はすでに夕方の五時を回り、早朝私が市川園に到着してからでも、すでに十二時間が経過している。お茶の手揉みは、想像をはるかにこえた一大イベントであった。イベントというよりも、私には一日で完結するドラマのようにも見えた。出来あがった手揉み茶は、旨みの極致ともいっていい仕上がりで、私のような旨みが苦手な喫茶人には縁の薄いお茶だが、その高い芸術性は素直に認めることができる。

私は焙炉の周りで写真を撮ったり、レベルの低い質問を投げかけていただけだが、それでもお

茶が仕上がるころには肩で息をするほどに、疲れきってしまった。早朝の手摘みからはじめて、体を酷使し続けての十二時間、喜代治さんは私より年齢がひと回りも下といっても、さぞや疲労困憊の態のはず。一般の手揉み茶は、品評会用のそれとは手間のかけ方は違うが、機械製茶の登場以前はすべて焙炉による手揉みであったわけで、当時の茶師たちの苦労が改めてしのばれるのだ。

逆に、そうした厳しい現実があったればこそ、機械製茶が生まれる契機があったのである。そして、その誕生の萌芽は、まさしく狭山において動き出したのだった。それの牽引役となったのが高林謙三というわけだが、謙三には今少し登壇を待ってもらい、手揉みの話をもうちょっと続けたい。

乗用による市川園の1番茶の摘採風景（金子台地）

三章　遺産級の「手業」に期待するもの

比留間園での品評会用の手摘み風景

軽やかでリズミカルな哲学者の手揉み

喜代治さんの手揉みから四日後（四月三十日）、こんどは一昨年の農林水産大臣賞（一等一席）の受賞者、嘉章さんの手揉みを見せてもらった。当日は、朝八時ごろに金子丘陵にある出品茶用の手摘み園をたずねると、十人余りの老若の摘み子さんに混じって、トレードマークのバンダナを頭に巻いた嘉章さんが軽口をたたきながら、さも楽しそうに、しかしじつに丁寧にやぶきたの新芽を摘んでいる。頭の上には九五パーセント遮光の寒冷紗（覆い）がそのままで、かつて京都・城陽（菊岡家）の碾茶園で見た手摘み風景に重なった。

「ことしは覆いを十日間やりました。いつもより短めですが、晴天続きだったので、それなりの効果は出ると思います。ただし、品評会では覆い香は基本的に減点になりますので、ことしのお茶がどう評価されるかは、今のところ神のみぞ知る、です」

「芽の摘み方は人それぞれで、一芯二葉摘みは変わりませんが、ボクは二葉の下の茎を残しますが、（中島）毅は逆に残さないで摘みます。茎を残せば剣先がキレイに出ますが、これは茶師それぞれの好みの問題で、剣先の有無は品評会の順位には影響しません」

芽の摘み方でもう一点注意していることは、太めのものだけを摘むようにしていることだという。いずれにしても、二葉以下の茎を残すか否かにかかわらず、茎揃いがいいことは仕上がりのよさの絶対条件であるらしい。嘉章さんの手揉みも標準製法であり、工程的には喜代治さんのそれと変わらないが、各工程での手と体の動きが柔らかく、力の掛け方にもめりはりが感じられる。

葉振いのあとの重回転（回転揉み）のとき、こんな解説が入った。

「機械でいえば揉捻の段階にあたります。焙炉の熱に注意して、蒸らさないよう、茶葉の塊を崩しながら揉むんです。茶団の内側と外側を入れ替えるイメージかな。茎の白っぽい色が目立た

首に籠をかけて手摘みする嘉章さん

なくなるまで、回転を続けます。つまり、茎の水分が出切るまで、ということです。茎は水分が抜けづらくて……」

「水分を茎に残しておくと、蒸れて茶色くなってしまう。そこに、揃った芽を摘む理由があるんです。そうであれば、葉だけで揉めばいいのではないかと言う人がかならずいますが、茎には茎ならではの旨みがあります」

茶揉みにおいては、葉と水分の関係はかくも微妙なものなのだ。軽回転をはじめたころには、まだ茎の白さが際立っていたが、重回転の終わりごろにはさすがに白っぽさが消え、葉の緑と区別がつかなくなっている。茎から順調に水分が抜けた証拠だろう。回転揉みのあとは、喜代治さんのときと同様、午後の仕上げ揉みに向けて玉解き・中上げ・助炭整備を済ませ、嘉章さんもランチタイムをとった。

じつは、この日は研修センターの再製室は大賑わいで、嘉章さんのほかに三人が出品茶の手揉みに挑んでいた。嘉章さんの従弟の間野隆司さん、毅さんと同じ根岸に住む中島克典さん、そして毅さんの従弟だという池谷英樹クンの三人である。嘉章さんによれば、三人は手揉みだけでなく機械製茶においてもい

後輩たちが嘉章さんの蒸しを手伝う

ずれ劣らぬ技術をそなえた、入間を代表する茶師たちであるらしい。特に、年長の隆司さんは手揉みの大臣賞をはじめ、闘茶会でも入賞の常連であるらしい。

この日、四人が再製室で鉢合わせになったのは、あくまで手摘みの好機が偶然重なっただけで、けして示し合わせての結果ではない。新芽の伸びしだいで、この日のように同じ日に作業が集中してしまうのである。再製室の壁には、利用者の名前が書き込まれた紙が貼り出されていて、な

上：蒸し機の前でしばし茶談議
下：先輩たちに見つめられながら
手揉みする若手メンバー

るほどきょうが最多の四名である。ちなみに、再製室には常時六台の焙炉が設置されていて、最大で六名が同時に手揉みにとり組むことができる。こうした素晴らしい環境があればこそ、近年の手揉み茶における埼玉の大躍進を可能にしたに違いない。

昼食後、嘉章さんの揉切りがはじまった。のっけから、作業をこなしつつ、じつに興味深い話を披露してくれる。

「まだ茶葉が水分をたくさんふくんでいますから、強く力を入れて揉まないで、さいしょはやさしく振り揉みていどにします。強く揉みすぎると茶葉が扁平になりやすい。扁平ではなく、元の葉の形なりに丸く（紡錘形）揉めるかが、いちばんのポイントになります」

そうなのだ。手揉みは当初想像したよりもずっと奥が深く、繊細な製茶術であるらしい。このあとも、嘉章さんの口からは、手揉みに関するわくわくするようなエピソードが、次から次へととび出してくる。話の面白さに、転繰からこくりへと続く時間が、私にはとても短く感じられた。

「転繰の段階では、まだ茶葉は掌の中におさまらない。こくりの工程に入ると、手の中におさまるようになる。だから、茶葉にしっかり力をかけられるようになり、茶葉がこすれ合うことによって光沢が出てくる。もちろん、機械の精揉機にはとてもかないませんが……。もっとも、ツヤが出てくると葉はツルツル滑っちゃって、こくりの最後のころはただ茶葉を動かしているだけの状態です」

すべて、素人にも納得できる、とてもわかりやすい説明だ。しかし、〝比留間節〟の真骨頂はこのあとにある。

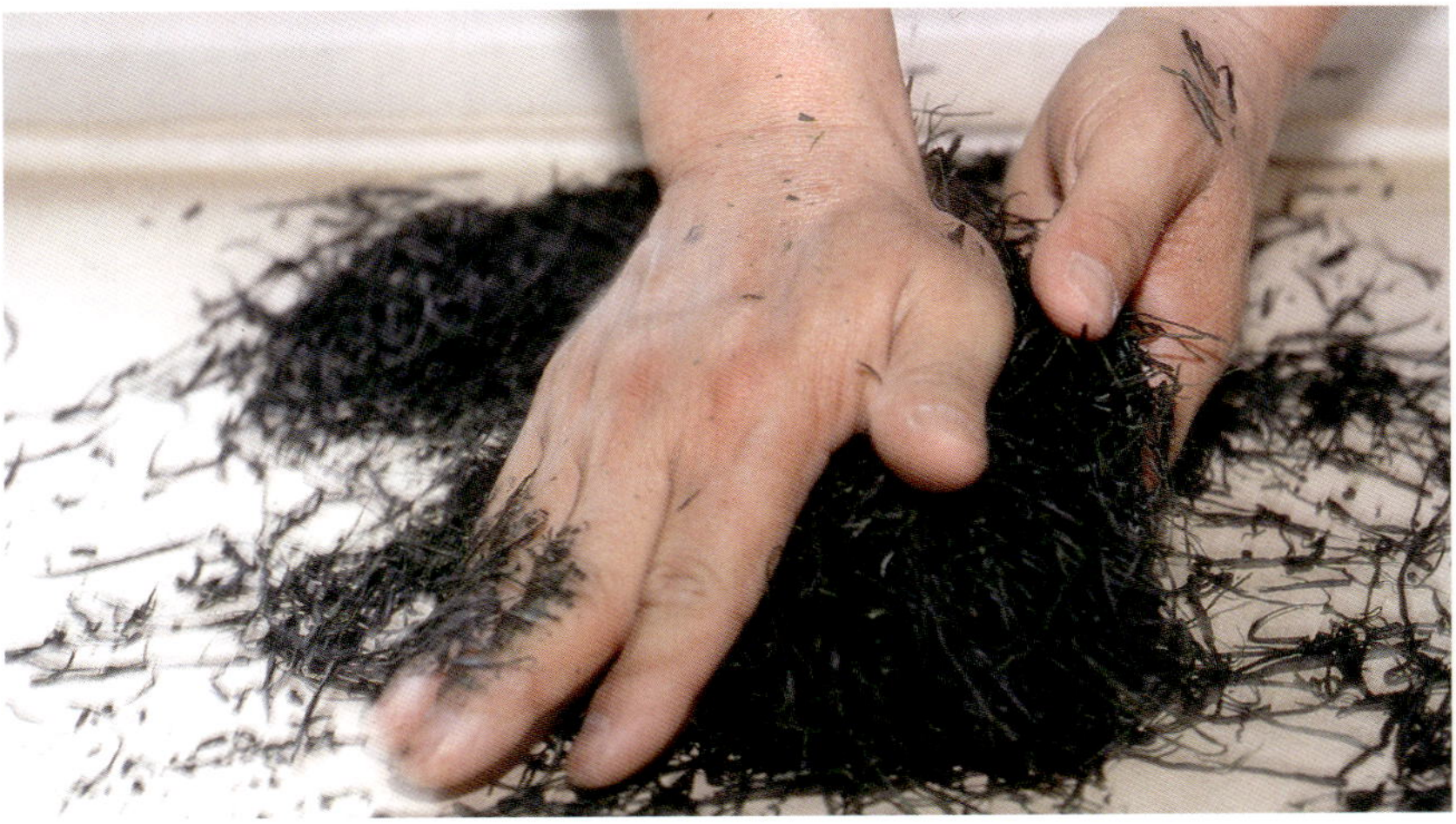

上右：嘉章さんの葉振い
上左：同じく回転揉み　　下：散らし転操

「技術は再現性と同義なんです。あることが二度できた人は、何度でもできるはずです。常にそのときできる精一杯のものを出すよう心掛けていれば、いずれは技術に到達できる。だから、結果としての再現性よりも、精一杯頑張れるか否かのほうが重要なんです」

「きょう、偶然隣の焙炉で従弟（隆司さん）が手揉みをしていますが、同じ葉を使って揉んでも、けしてボクと同じお茶にはならない。手揉みは教えられて覚えるものではなくて、いかに感じとれるか……。でも、経験値はとても大切です。毅なんかは年の割には、たくさんの経験をつんでいる」

〝技術は再現性〟という指摘、なるほどと思う。しかし、それ（技術）に甘んじることなく、常に不断の努力を惜しまないことこそがよりいっそう大事、と嘉章さんは説いているのである。それにつけ、嘉章さんの話の中に常に登場する毅さん

嘉章さんの手揉み茶の完成形

の実力が、何とも気になるところだ。最後の乾燥に入ったところで、ようやく嘉章さんの表情は和らぎ、安堵の笑みがこぼれる。助炭上に仕上がった茶葉は美しい細撚れで、次のような言葉が嘉章さんの口から漏れるのも、またむべなるかなと思えるのだ。

「品評会での評価は〝絶対評価〟ではなくて、あくまでライバルとの関係の中で決まる相対評価です。香気に問題がなければ、きょうのお茶がベスト5に入ることは間違いないと思います」

香気の問題とは、十日間の被覆による覆い香のことを指しているのだろう。いずれにしても、結果は二カ月半後の七月九日（全国手もみ茶品評会）には判明することになる。研修センターのロビーで茶葉の乾燥を待つ嘉章さんが、経験値の続きを話してくれる。

右：絵になる隆司さんの揉切り
左：爽やかな笑顔の克典さん

「一回の経験が何回分にもなる人がいる一方で、一回分にもならない人もいる。（経験値として）残る人と、残らない人がいるということです。これでいいと思ったら、人はその瞬間に忘れてしまう。だから、失敗の数は重要なんです。それ以前に、お茶が手になじむ人、なじまない人がいることも事実です」

どうやら嘉章さんは天才であると同時に、哲学者でもあるようだ。その哲学者の手揉みは、閉め切った再製室に常に風のそよぎを運ぶかのように、軽やかで、リズミカルなものだった。素人目でも、（嘉章さんの）体に余分な力が入っていないことが、容易に見てとれた。本格的な手揉みを見るのは私にとってはじめての経験であったが、そのインパクトは想像以上に大きかった。

揉切り以降の工程が大事なワケ

この日の三日後（五月三日）、前年のチャンピオン（農林水産大臣賞／一等一席）である毅さんの手揉みを実見するに及び、私はいっそう手揉み製茶の〝宇宙〟に引き込まれてしまった。焙炉の小さな助炭面が、無辺の広さをもつコスモスに感じられてしかたがなかったのである。

毅さんの中島家（大西園）をたずねたのは、五月三日の午前九時すぎのことだった。自宅に焙炉を保有する毅さんは、蒸しだけは研修センターの丸胴蒸し機を利用し、蒸し葉を家にもち帰ったあとは、自家の焙炉で作業を進めるという方法をとっている。ちょうど蒸し葉を携えて自宅にもどった毅さんは、茶工場の一角にもうけられた小部屋で、さっそく手揉みにかかる。

「材料のやぶきたは、樹齢が異なるふたつの畑で手摘みした新芽を使っています。ともに遮光率九五パーセントの寒冷紗を八日間かぶせています。揉んで香気がいいのは樹齢ひと桁の若い木のほうで、逆に味がいいのは樹齢十年をこした茶の木のほうですね」

「ボクは二葉の下一センチで新芽を摘んでいます。この一センチの軸（茎）で十分剣先がキレイに出ます。これ（軸）をつけるか、つけないかで、仕上がったときのお茶の味・香りが違って

自宅に据えた焙炉で葉振いに入る毅さん

くる。茎の香りは認めますが、ボクは葉のほうがより内質に関わることから、茎より葉の部分を重視しています」

樹齢の異なる木から調達する原料といい、意識的に軸を短く摘む手法といい、すべては仕上がりから逆算しての発想であることがわかる。十時前、毅さんはおもむろに葉振いをスタートさせた。五十分ののち、振り揉みを短時間ほどこしたあと、軽回転から重回転へと移ってゆく。軽回転までは、喜代治さんや嘉章さんの作業と比べてみても、毅さんの手揉みの手順にさほど違いは感じられなかった。

しかし、重回転に入ると、はっきりと毅さんの手揉みの個性というべきものが前面に出てきた。葉団をつくっての練り揉みの際、手首を使いながらの押し込み（突き練り）がじつに力強く、かつスムーズなのだ。全身を使っての小麦粉やソバ粉の練り込みを思い出してもらったら、いいかもしれない。しかも、毅さんはこの練り揉みにしつこいほどの時間をかけた。この段階で、明らかに先輩たちとの茶葉とは別物の姿をまといはじめる。毅さんのそれ（茶葉）は、断然細撚《よ》れの形状を呈している。

「でも、ボクは細撚れ・丸撚れ・紡錘形といったことは、あまり意識していません。ボクの品評会用のお茶の揉み方は標準製法ではないので、微妙な違いが出るのかもしれません。それに、ボクの掌は女性のように小さいため、余分の力は使わないで、抜くところは抜くように心掛けてはいます」

標準製法ではない手揉み製茶法とは、毅さんが金谷（現島田市）の国立試験場で二年間研修し

上右：毅さんの軽回転
上左：押し込みが印象的な重回転
下：中上げ段階ですでに細撚れが判別できる

たとき、島田市出身の恩師（萩原豊さん）から学んだ〝川上流〟の製茶法だった。萩原さんは故牧野富蔵（静岡県無形文化財）の弟子で、川上流の正統な後継者と評される人物。私には標準製法との具体的な差違はよくわからないが、茶葉を揉み込んでゆくうちに、双方に微妙な差違が出てくるのであろう。それにつけ、毅さんの力強い練り込みを見たあとで、「品評会では女性もけっこう上位に食い込んできますよ」と聞いて、手揉みは力ではなく、その入れ方が大事と悟った次第。そういえば、嘉章さんの揉み方もじつにしなやかで、余計な力はどこにも感じられなかった。

助炭整備後の揉切りでも、毅さんらしさは遺憾なく発揮された。茶葉を助炭から拾い上げて振り揉む際、掌中の茶葉が上下に飛び散って減ってゆき、ついには最後の一本になるまで、毅さんは執拗に揉み切ろうとする。先輩たちはここまで丁寧に揉切りの操作はしなかった。嘉章さんの手揉みの特徴がユルリとしたしなやかさにあるとすれば、毅さんのそれは所作のひとつひとつに手を抜かず、細部にとことんこだわる丁寧さにある、と言えるだろうか。目に映る印象が、じつにキビキビとして、スキがないのである。

「ボクは揉切り以降の後半の工程、つまり形状をつくるパートがとても大事だと思っています。ここをどうもっていくかによって、茶葉は〝針〟にもなり、〝ひじき〟にもなり得るんです。この後半の工程はボクのこだわりであると同時に、ボクがいちばん好きな、自信をもっているプロセスでもあります」

「形状、つまり茶葉の見た目（外観）がなぜ重要かというと、人に『すごい！』とインパクトを与えることで、『ぜひ、飲んでみたい』と思わせられるからなんです。形状はいつまでも印象に残り、品評会においても、審査員が『これでは一等五席以下には下げられないな』と感じてくれれば、こっちのものです」

なるほどな、と思う。お茶の〝味〟は下揉みでつくれても、形状は揉切り以降のテクニック如何にかかっている。狭山でも近年は、機械製茶の主流は深蒸しに移っていて、形状のないお茶がほとんどだが、こと手揉みに関してはその同じ茶師たちがトコトン形状にこだわるのだから、面白い。彼らはそうした二律背反に気づいているのだろうか。それはともかく、最近の入賞茶の傾

最後の１本まで執拗に揉み切る

向として、単に形状に優れているだけでなく、味にもひとつのトレンドが求められているらしい。毅さんは次のように分析している。

「ここのところ、淡白なお茶が上位に入る傾向があるんです。苦・渋みを上手に抑えたお茶ということです。そのためには、茶葉を傷つけないで、丁寧に揉む必要があります。助炭への気配

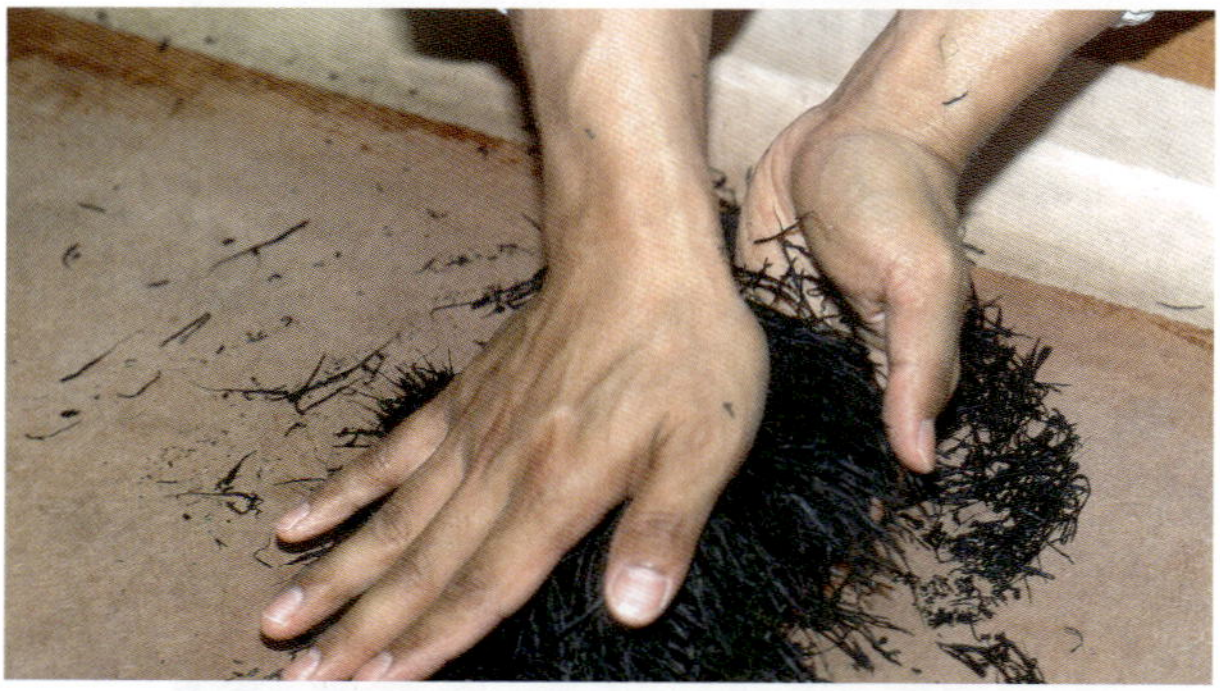

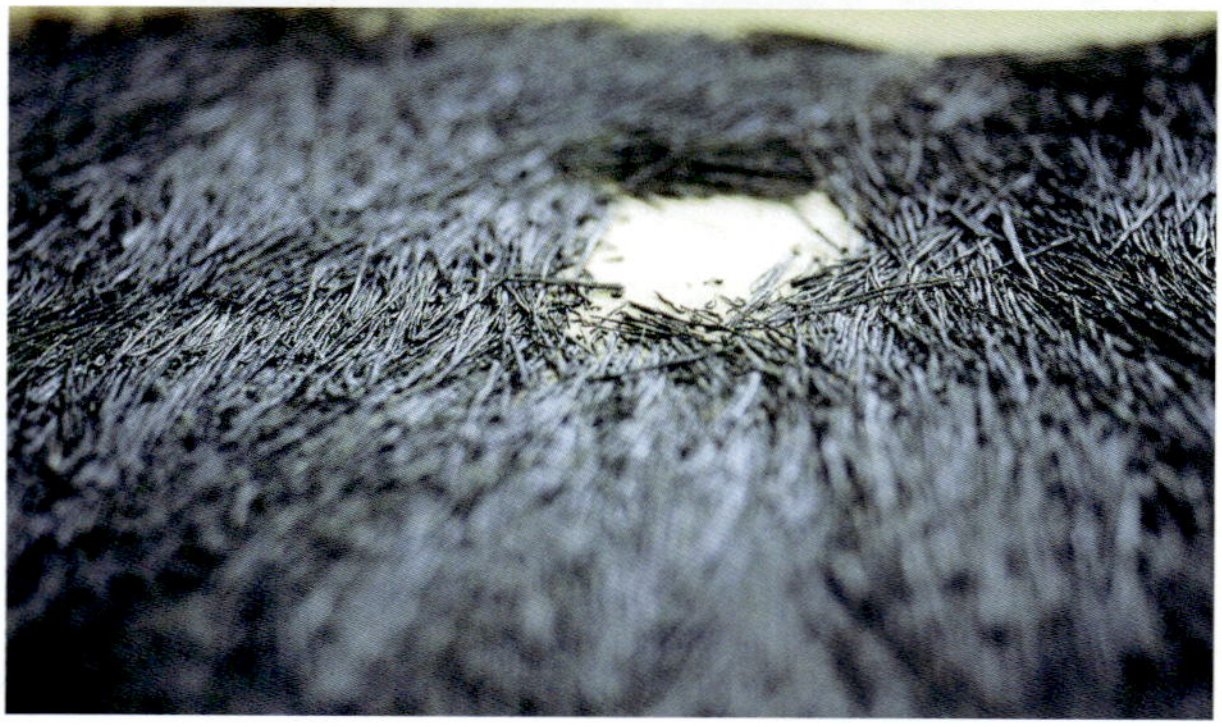

上･中：手の動きの美しさに見とれるこくりの作業
下：文字どおり針のような細撚れに仕上がった毅さんの手揉み茶

りも大事で、常に表面をツルツルに維持しなくてはなりません。茶シブがつくと、すぐ葉の滑りが悪くなりますから……」

助炭の表面をツルツルに保つことで、茶葉の照りもおのずと違ってくる。ふつう、助炭の和紙は手入れを怠らなければ、半永久的に使えるものらしい。しかし、毅さんは絶えず最高の和紙を求めて研究を重ね、これはと思う紙は手元にストックしている。ちなみに、現在助炭に使用している和紙は平成二十二年に貼り替えたものだ。

午後４時、こくりを終えて乾燥に入る。
若い毅さんにあまり疲れは見えない

そうこうするうちにも、毅さんが絶対の自信をもつ後半の工程は順調に進み、すでにこくりの最終段階に入っている。その時間経過は先輩たちのそれと大差はない（こくりの終了は午後四時）はずなのに、なぜか毅さんの作業時間は途轍もなく長く感じられて、仕方がない。たぶんそれは、反復するひとつひとつの所作に無駄がなく緻密であるため、時間が目一杯詰まっている気がしてしまうのかもしれない。じっさい、各作業における手首の反復は、ふつうの茶師の倍ぐらいに達しているのではないか。

乾燥に入ると、黒光りする細撚れの茶葉の美しさは、いっそう際立った。私は瞬間、毅さんの品評会における連覇を確信していた。嘉章さんは日ごろ、「毅の（手揉みの）茶葉だけは、すぐ見分けがつく」と言っているそうだが、ド素人の私にも、ふたりの先輩の茶葉との違いは容易に見てとれた。この日、私は毅さんから全国手もみ茶品評会の審査が七月九日に金谷の国立茶試であることを知らされていたが、仕事にかまけて、そのことはすっかり頭から抜け落ちていた。

七月下旬になって、ふと品評会のことを思い出した私は、ことし入間市手揉狭山茶保存会の会長に就任した喜代治さんに、慌てて連絡をとってみた。電話に出た喜代治さんは、明らかに声が弾んでいる。狭山にとっていい結果がもたらされたのは、まず間違いない。

「おかげさまで、十年連続、十五回目の産地賞がとれました。個人の農林水産大臣賞（一等一席）も、毅クンが連覇を果たしてくれました。あるていど予測していましたが、まさかじっさいにやってしまうとは……。頼もしい若武者です」

こう一気に説明してくれる喜代治さんの心中を、私は想像してみた。保存会の会長に就いた初年度に、続けてきた産地賞の受賞を途切れさせるわけにはいかない。できれば個人の農林水産大臣賞も誰かにとってもらいたい、と喜代治さんは痛切に願ったはずなのだ。だから、その両方が実現した今、喜代治さんはホッと胸をなで下ろしているに違いない。誠実を絵にかいたような人でもあり、喜代治さんは肩にのし掛かった責任感を、少しは除くことができただろうか。

やぶきたの寡占状況に感じる危うさ

数日後、お祝いの電話を入れた毅さんから、ことしの品評会の順位表のコピーが送られてきた。応募（出品）総数百三十二点、そのうち毅さんと嘉章さんだけが二点ずつ出品している。各一点は参考出品ということらしい。手揉み茶界におけるふたりの存在感が、おのずと知れるのである。それはさておき、前に手揉み茶の審査項目についてふれたが、ここで改めて確認しておくと、項目は順に形状・色沢・香気・水色・滋味の五つで、それぞれに50・30・40・40・40点ずつ配されていて、満点をとった場合には合計２００点ということになる。

点数のうしろには審査概要という欄があって、そこに項目別に簡単なコメントが付されている。しかし、コメントはトップの何人かと、逆に下位の三十人ていどにつけられているだけで、中位の大多数はまったく論評されていない。だから、ほとんどの出品者は項目別に配点された点数を頼りに、みずからのお茶に対する声なき批評をくみ取るしかない。付されたコメントにしても、トップ集団に与えられた肯定的なものでみてみると、〈形状〉では「剣先あり」と「細よれ」

の二語、〈色沢〉では「濃緑」「鮮緑」「光沢」の三語、〈香気〉では「温和」「みる芽香」の二語、〈水色〉では「濃度感あり」の一語のみ、そして最後の〈滋味〉でも「うま味」の一語だけという具合だ。

仮に私が出品したとして、ここにあるようなコメントを頂戴したとしても、たぶんちっともうれしくないだろうな、と想像してしまう。もう少し生きた言葉というか、思わずその手揉み茶が飲みたくなるような表現を使えないものか。香気が温和と言われても、お茶はすべからく高い香気をそなえたものでなくてはならないと考えている私にすれば、温和はマイナス・イメージに捉えてしまう。同様に、水色の「濃度感あり」も萎凋掛けした茶葉を基準にしている私としては、違和感があるというか、やはりマイナス評価と感じてしまうのだ。

それはさておき、順位表を一瞥して、私にはいくつもの発見があった。まず今回、入間の農業研修センターで手揉みを見せてもらった全員が、見事三等以内に入賞していたことである。一等一席（農林水産大臣賞）に毅さん（2号）、同じく一等三席にも毅さんの1号が入り、次席の一等四席には嘉章さんの従弟である間野隆司さんが食い込み、嘉章さん自身は一等六席（1号）と二等三席（2号）を占めている。手揉み当日、嘉章さんは十日間の遮光への評価がどう出るか不安を語っていたが、香気と滋味における減点は〝覆い香〟に対する審査員たちの意思表示なのであろうか。

入間の保存会のメンバーでは、嘉章さんの手揉みと同じ日に研修センターで汗を流していた池谷英樹クンが、堂々と二等十三席に入っている。毅さんの従弟だという英樹クンはまだ三十歳だそうで、彼の前途には洋々たる日本茶の未来が広がっている。いずれ遠からず、毅さんと覇を競う時代がくるはずだ。そして、三等四席には我らが喜代治さんがしっかり顔を出している。保存会の新会長の職責を果たしつつ、喜代治さんは一茶師としての務めでもちゃんと結果を残していたのだった。今更ながら、四月二十六日に研修センターでひとり黙々と出品茶づくりに取り組んでいた喜代治さんの姿が、鮮明に思い出されるのである。

もうひとり、四月三十日に研修センターの再製室にいた中島克典さんは、三等十八席に滑り込んでいる。手揉み当日の昼休み、奥さん手づくりのランチをさもおいしそうに頬張っていたのが、その克典さんだった。

「手揉みはむずかしくて……。毅は大したものです。彼は国立（試験場）の三つ後輩ですが、どんどん先を歩いている。ウチは自園が二町あり、やぶきた・さやまかおり・ふくみどりが主な品種です。オヤジがまだ元気で、作業面でとても助かっています」

と、後輩を立てる克典さんだが、ちょうど手元にある『茶業技術』（埼玉県茶業技術協会）の２０１４年版を見ると、前年（二〇一三）の関東ブロック茶の共進会（関品？）で、克典さんは堂々の農林水産大臣賞（荒茶普通煎茶の部）を獲得している。全国の茶産地で今、若年齢の後継者不足が深刻な問題となっている中で、ここ狭山では生きのいい若手がゾロゾロと育っている。五年前の放射能騒動は当地に大きな痛手を与えたはずだが、それを見事に乗りこえて、というよりそれを貴重な糧とすることで、狭山は鮮やかな再生を果たしたのである。私が今後の狭山と、狭山茶から目を離せない理由が、ここにある。

順位表から次に感じたことは、機械製茶では凋落著しい我がふる里静岡が、意外にもまだ手揉みの世界では存在感を保っていることであった。一等七人のうちに二席をふくめ三人、二等十三人のうちの四人、三等では二十人のうちの八人を静岡勢が占めている。つまり、一〜三等の総人数三十九名のうちの十五名が静岡からの出品であり、本命埼玉からの出品者九名を大きく上回っている。明治期前半の静岡における手揉み製法の隆盛は前述したとおりだが、この数字はそうした伝統が今に生きていることを物語っているのだろうか。

出品者が、埼玉・静岡以外にも全国津々浦々に及んでいることも、予想外のことだった。順不同で出品者の住所（出身地）を挙げてみると、大分県、奈良県、茨城県、神奈川県、新潟県、岐阜県、三重県、東京都、愛知県、和歌山県、京都府、福岡県、長野県、栃木県とリストされ、埼玉・静岡をふくめると、じつに全国十六都府県をカバーしている。出品者の多くは茶師または茶業関係者であろうと想像がつくが、なかには趣味が高じて出品に及んだ御仁がいるかもしれない。日本茶人気が低落の極地にある今、手揉み茶から伝統飲料の魅力をもう一度訴えるのもひとつの〝手〟だと思うが、いかがなものか。

さて、予想はしていたことだが、出品茶に使われるお茶の品種が九分九厘やぶきたであったことは、今後の茶業界、また近未来の日本茶の普及を考えるとき、けして歓迎すべき状況とは思えない。百三十二品の出品茶のうち、やぶきたでない品種はわずか十六品にすぎず、その内訳はさえみどりが半分の八品、山の息吹が四品、おくみどりが二品、それにつゆひかりと〝みえうえじま〟がそれぞれ一品となっている。みえうえじまははじめて目にする品種だが、三重県亀山市からの出品でもあり、民間育成の品種でもあろうか。私はこの勇気ある出品者に、惜しみない拍手を送りたい。

消費者が「飲んでみたい」と感じる手揉み茶

出品茶のこうした現実から見えてくることは、やぶきたの呪縛から解かれていない茶業界の現状と、消費者のニーズから離反した伝統社会の存在だろうか。私は手揉み茶の可能性に言及したばかりだが、それには一定の留保が必要、ということだ。つまり、手揉み茶の素晴らしい伝統と技術を、品評会によって保持するのではなくて、もっと日常に近い〝場〟で、もっと開かれたシステムにより継承する必要がある、と私は考える。そうでないと、手揉みも抹茶と同じように、いつまでたっても伝統の殻から抜け出せず、小さな集団の〝秘め事〟としてとどまらざるを得ないからだ。

一昨年（平25）、機械製茶の世界では、画期的な出来事がおきた。これまで「全品」（全国茶品評会）の独占であった全国規模の品評会に対抗して、新しいコンテスト（日本茶アワード）が立ち上がったのだ。日本茶アワードが果たしたもっとも大きな功績は、これまで基本的に旨み（味）でしか評価されてこなかった日本茶に、「香り」という新たな評価軸を取り入れたことだろう。つまり、いったんは日本の茶業界が棄てた萎凋の可能性を、ふたたび蘇らせたのである。くどくなるから書かないが、ようやく極東の小国にも真っ当な茶文化が育つ下地ができたのだ。このささやかな〝芽〟を大きく育てるためには、かつて小川八重子や有馬利治が繰り返し示唆したように、是が非でも消費者の熱い、本音のニーズが必要なのである。

であるならば、ひとり手揉み茶だけが古い殻（私にはそう見える）に閉じこもっていていい理由は、どこにもない。機械製茶が新たな広がりを求めはじめたように、手揉み茶も密室から抜け出して、白日の下にその正・負の遺産をさらけ出す必要があるだろう。そうすれば、一般消費者におのずと手揉み茶の魅力が認知され、もっと多くの可能性が追究されて、品評会のためではない、飲み手本位の手揉み茶が誕生することだろう。

「UVTの開発に携わってきた身として、萎凋の重要性は身に染みて理解しているつもりです。でも、手揉み茶の場合、萎凋は必須の工程ではなく、それとは別の価値観（新鮮香？）で評価されます。手揉みは大量生産が利きませんし、もし萎凋掛けのお茶を望むのなら、機械製茶がその役割を負ってくれるはずです」

「県の手揉茶保存会の会長を任じているから言うわけではありませんが、〝手揉み〟と〝萎凋〟はもとより双方並び立つもので、混ぜることができない価値だと思うんです。世の中には変えていいものと、変えてはいけないものがあって、その点、このふたつは変えてはいけないものと考えます」

手揉み茶界の重鎮、嘉章さんが毅然と保存会の立場を代弁してくれた。誠実そのもののコメントが、いかにも嘉章さんらしい。だからこそ、私は初対面の瞬間に嘉章さんの人間性に引き込まれたのである。たしかに、嘉章さんの言い分はよくわかるし、伝統継承の難しさも理解できる。

だが、ひねくれ者の私には手揉みと萎凋は並立するものではなく、重ね合わせるべきものと観念されている。

事実、手揉み茶の萎凋掛けはけして突飛なことではない。前作（『日本茶の「発生」』）にも書いたが、近世資料にはしばしば萎凋やそれによって生まれる〝花香〟のことが言及されていて、少なくとも江戸時代ぐらい（つまり焙炉の時代）には、すでに萎凋の意味や技術が確立されていたと考えられる。

有馬利治は月刊『茶』（昭和五十二年）の連載の中で、次のように萎凋について言及している。

> 蘭花の香りのするお茶は古来、日本でも珍重されたもので、徳川時代においても、中国から輸入された蘭花の香りのする茶は、煎茶道において第一のものとされ、珍品とされて来ているくらいである。最近では、業界でそのようなお茶に関心が払われないのは、残念である。

天才・有馬ははっきりと言っている。蘭花の香り、つまり〝萎凋香〟は江戸期にはもとより、古来日本人の間でしっかり認識されていたのだ、と。でも、これは驚くにあたらない。一度でも茶葉の手摘みを経験した者であれば、摘んだ瞬間から葉の萎凋がはじまることを知っている。そして、そのあと上手に葉傷みを防ぐことができれば、結果として、その萎《しお》れた茶葉から易々と〝蘭花の香り〟を引き出せることも、体験的に理解している。

一方で、次のような嘉章さんの言及にも、耳を傾けておくべきだろう。

「今の時代、効率面からいっても、手揉みでは生活は成り立たない。家業になり得ない。おのずと、手揉み技術の保存には、文化的側面というか、文化的役割が課せられていると思う。それが手揉みの生き残る道でもあるんです」

なるほどな、と思う。その上で、手揉みの場合、文化的価値の中に萎凋は入り込めないものか、と私は食い下がる。生産性を追い求めない手揉み茶だからこそ、過去（焙炉の時代）にならって萎凋を試してもいいのではないか、と。有馬が言うとおり、手揉みの時代にすでに、萎凋香はしっかり市民権を得ていたのだから……。しつこくなるから、これ以上はやめよう。

ところで先日、知人が某農業新聞（日刊紙）のコピーを送付してくれた。それは日本茶を正面に据えた連載記事で、その中に大手の製茶機械メーカーと宮崎県の農試茶業支場がタイアップして、ドラム式の萎凋機を開発した旨の話題が取り上げられていた。神に召された有馬にしてみれば、「今さら何をやっているのか。（開発は）半世紀遅すぎる」と草場の陰で苦笑しているに違いないが、これがキッカケとなり、萎凋に対する消費者の理解が少しでも深まれば、「本質茶」への第一歩を踏み出すことにつながるかもしれない。

この流れを絶やさないためにも、飲み手側は〝香り〟と〝萎凋〟の大合唱を業界にとくと聞かせるべきだろう。かの小川八重子は、こうも言っていた。

現実の茶業界では、お茶の善し悪しは全日本茶品評会（全品）で格付けされます。飲む人の側のニーズなんて全く顧慮されていません。〈中略〉飲む側も、勇気を出して、赤裸々なニーズを、作る側に突きつけることをしなくてはならないと思います。〈中略〉（お茶は）自分たちにとって大切な飲みものだから、それだけ真剣に取組まなければいけないと思います。何等かの意志表明の機能を持つべきだと思っています。

（『小川八重子の常茶の世界』）

とまれ、機械製茶のほうで新しい価値規準（日本茶アワードの「香り」の評価軸）が示されたように、手揉みの世界でもぜひともお茶の本質への回帰がおきてほしいものだ。標準製法に萎凋が取り入れられたとき、手揉み茶は間違いなく次のステージに踏み出すことになるだろう。細撚れの黒光りする茶ではなくなるかもしれないが、一般消費者に「飲んでみたい」と思わせる新ジャンルのお茶が誕生すること、請け合いだ。文化遺産そのものといっていい手業の価値をさらに高めるためにも、手揉みを〝生きた形〟で継承してほしいのである。

四章　人間の一生にも似た狭山茶の盛衰

ひと目で在来種とわかる慈光寺の境内茶園

東国へのお茶の伝播に寄与した円仁と河越氏

少し手揉みに深入りしすぎたかもしれない。しかし、機械製茶の原点は手揉みであり、その生産性の低さを知ったことで、高林謙三は製茶機械の発明の必要性を痛感したのであって、それら機械の仕組みはすべて手揉みの工程が元になっている。手揉みの話の延長で、すぐにでも謙三と機械製茶の話題に移りたいところだが、その前にどうしてもふれておかなければならないことがある。狭山茶の通史である。

私は前作で近江茶をテーマとした。そして今回、偶然狭山茶へと踏み入れてきたわけだが、私はなぜかそこに運命的なものを感じてならない。どういうことかといえば、近江（比叡山）と狭山（川越）は仏教（天台宗）を媒介にして直結していて、とても近しい関係にあるからだ。私自身、狭山と近江がここまで密接に結びついていたとは、こんどの取材をはじめるまで、まるで気付いていなかった。その分厚い関係は古代～中世にかけてピークを迎えるのだが、幕末・維新期の日本茶の海外輸出にあたっては、両地はふたたび協力関係を復活させている。

さて、前作にも書いたが、天台宗を開いた最澄がお茶（茶の実）を携えて唐から帰国したのは、延暦二十四年（八〇五）のこととされている。その十年後、弘仁六年（八一五）四月には、最澄と同じ船（遣唐使船）で帰国した永忠が、折から近江国韓埼《からさき》（唐崎）に行幸した嵯峨天皇に、梵釈寺《ぼんしゃくじ》

（比叡山南麓）において手ずから茶を煎じ、奉呈している。これは『日本後紀』に出てくる公式記録だが、同年六月には天皇は畿内及び近江・丹波・播磨などの国に茶を植えさせ、毎年製茶したお茶を献上するよう命じた、とも記されている。

　唐から帰国した翌年、最澄は桓武天皇から天台法華経をもって延暦寺に天台宗を開く許可を得たわけだが、延暦寺の発展につれて、天台宗の護法神を祀る日吉大社もその神威を増していった。日吉大社の門前にある日吉茶園の成立については、史料的な裏付けがなく、伝承の域を出ない。

「それでも、弘仁七年（八一六）に最澄が泰範《たいはん》に宛てた手紙に、『茶十斤以て遠志を表す』と書かれていて、比叡山麓で茶が栽培されていたことがうかがわれます。泰範はもともと最澄の内弟子だった人物で、それが何かの事情で空海の元へ走り、空海の弟子になるという行動をとった異色の僧なんです」

　入間市博物館（アリット）の学芸員、工藤宏さんの説明である。近江と狭山の間の橋渡しを最初にしたと考えられるのは、このあとに登場する最澄の弟子、円仁（慈覚大師）によってであった。円仁は下野都賀《つが》郡に生まれ、十五歳のとき最澄に弟子入りし、承和五年（八三八）に入唐。同十四年（八四七）に帰朝するや、延暦寺三世座主に

日吉大社の門前にある日吉茶園

任じ、天台宗山門派の祖となった。その円仁が川越（河越）に無量寿寺（現在の中院・喜多院の前身）を創建したのは天長七年（八三〇）のことで、入唐前に実現させた一大プロジェクトだった。

一般に円仁のとき天台宗は著しく密教化したと言われるが、出身が下野であるせいか、円仁が開いたと伝える寺が東北地方に多いことも、この名僧ならではの語り草となっている。無量寿寺は元久《げんきゅう》年間（一二〇四～〇六）に兵火にかかり、一時廃絶の憂き目にあうが、その後永仁《えいにん》四年（一二九六）になって、慈光寺（比企郡ときがわ町）の尊海が無量寿寺仏地院（現在の中院）を再建、関東の天台宗の中心寺院としての地位を得る。さらに尊海は仏蔵院（北院＝現在の喜多院）、多聞院（南院＝現在は廃寺）を建立し、三院からなる無量寿寺の布置が整う。

ところで、密教儀礼に茶が組み込まれていることは、よく知られている。そうであれば、台密の

右：現在の川越の中院
中：無量寿寺の名前を伝える中院の中庭に建つ石碑
左：開基・慈覚大師の名を刻んだ供養塔（中院）

無量寿寺にも比叡山延暦寺から茶がもたらされたはずと考えるのは、ごくしぜんなことだ。事実、旧中院の境内地であった現在の仙波東照宮境内を歩くと、その一角に野生化した茶木を目にすることができる。しかも、それら茶樹に咲く茶花をよく観察すると、現在の日本の栽培品種にはない雌しべが雄しべよりも長いタイプの個体に出遭う。このタイプの茶花は、まさしく中国大陸で多く見られる類型で、いやが上にも最澄が唐から将来した茶種の流れを想像させる。だからこそ今、中院の境内には「狭山茶発祥之地」の碑が建立されているのである。

お茶の東国への伝播を考える上で、桓武平氏・秩父氏の流れを汲む武蔵武士の名門、河越氏の存在を無視するわけにはいかない。平安後期の永暦元年（一一六〇）、後白河上皇が京都・東山に新日《いまひ》吉《え》神宮を勧請する際、河越重隆は所領を新日吉神宮の荘園として奇進し、重隆はその荘司（在地領

仙波東照宮の境内に残る野生化した茶樹

主）となって勢力をのばした。上戸《うわど》日枝《ひえ》神社（川越市上戸）は、このとき河越荘に勧請された神社である。

重隆の孫重頼は源平争乱に際し、頼朝を助けてその信任を得、木曾義仲追討、一の谷の合戦でも武功をたてた。しかし、娘が義経の正妻であったため、文治元年（一一八五）、義経に連座して所領を没収されてしまう。それでも、執権北条氏が幕府の実権を握ると、河越氏は北条得宗家と密接な関係を築き、見事復活を果たす。その隆盛を物語るエピソードのひとつに、文応元年（一二六〇）に河越経重（重頼の曾孫）が新日吉山王宮（上戸日枝神社）に奉納した銅鐘の一件がある。この銅鐘の作者は、当代一流と謳われた河内鋳物師の丹治久友であり、久友は鎌倉大仏の鋳造にも携わったことで知られる。

また、河越氏の館跡である上戸の河越館跡には、大和の大蔵派石工の手になる宝篋《ほうきょう》印塔の台座が残っている。こうした職人たちは、北条時頼の招きにより関東に下向した真言律宗の僧に随伴してきた西国職人と考えられる。河越にこれら匠の活躍の場があったということは、それだけ鎌倉幕府と河越氏との間に緊密な関係があり、その上で河越氏自身の文化受容力も高かったことを証明するものであろう。昨春、横浜の神奈川県立博物館で「中世東国の茶」と銘打った展覧会

往時、河越荘に勧請された上戸日枝神社

が開かれたが、そこでも幕府と河越氏の浅からぬ関係が展示・解説されていた。

南北朝時代に入っても、河越氏は足利尊氏に属して勢力をのばし、文和元年（一三五二）には河越直重（経重の曾孫）が相模守護に任命されている。しかし、鎌倉府（室町幕府の地方政庁）では関東管領上杉氏の勢力が台頭しはじめていた。そこで、河越氏や高坂《たかさか》氏など秩父平氏一族をふくめた平姓の武士団からなる〝平一揆《へいいっき》〟は、応安元年（一三六八）、河越館に立て籠もり、鎌倉府に反旗を翻す。だが、この乱で平一揆軍は鎌倉府に敗れ、河越氏も歴史の表舞台から姿を消すことになる。

さて、現在の川越市上戸にあった河越館は、入間川の水上交通と東山道武蔵路による陸上交通の接点という要衝にあった。館跡は昭和五十九年に国指定史跡となり、整備のための発掘調査が行われ、平成二十一年からは史跡公園として一般公開されている。夏の一日、公園をたずねると、館の主屋があった場所には現在上戸小学校の校舎が建ち、その西側の敷地に霊廟跡・井戸跡・堀跡な

右：河越館跡に建てられた石碑
左：史跡公園として一般公開されている河越館跡

どが発掘されていた。

館跡の南寄りには常楽寺があり、境内の一角に真新しく立派な三柱の石碑が建っている。頼朝の信任を得た河越重頼と義経、それに義経の正室となった重頼の娘・京姫の三人を祀る供養塔である。常楽寺と河越氏の関係はよくわからないが、同じ館跡に所在するところから判断すれば、当寺は河越氏と結びつく何らかの由緒をもつのかもしれない。それにつけ、境内至るところに繁茂する茶樹が、いやが上にも河越氏とお茶のただならぬ関係を連想させる。

事実、河越館跡の発掘では、天目茶碗はもとより、茶臼・茶壺・茶入・風炉などが多数出土しており、館でお茶が盛んに飲まれていたことがわかる。海に開かれた鎌倉では中国との直接的な交易があったはずで、鎌倉武士の唐物好みもあって、膨大な陶磁器類が鎌倉に陸揚げされたと考えられる。その鎌倉に直結し、都市的文化を享受する身分にあった河越氏であってみれば、喫茶の慣習にはいち早く染まったことだろう。可能性として、入間郡域にまたがる河越荘内の寺院や

上：常楽寺境内に畦畔茶として残る茶樹
下：境内の一角に新築された河越重頼の供養塔（中央）

館で、広く茶の栽培や製茶が行われていたであろうことは、まず間違いないはずだ。ちなみに、鎌倉末期ごろの成立とされる『異制庭訓《ていきん》往来』には、東国の茶産地として、駿河の清見《きよみ》（現静岡市）と武蔵の河越の二箇所のみが取り上げられている。

野生化した茶樹が生い茂る天台の名刹

前に、天長七年（八三〇）に円仁により河越に無量寿寺が創建されたことを書いた。そのとき、最澄将来（つまり中国由来）の茶種が比叡（近江）あたりから河越にもたらされた可能性についても、ふれた。その無量寿寺が元久年間に兵火にかかったのち、九十年ほどの廃絶期間をおいて再建されたのは、永仁四年（一二九六）のことだった。再興に携わった尊海はときがわ町（比企郡）・慈光寺の僧であったわけだが、この寺がまた狭山茶の歴史と深く関わっている。「慈光茶」という固有名詞があるくらいだから、その影響力のほどが知れよう。

慈光寺は埼玉県内最古の寺で、坂東三十三ヶ所第九番の山岳寺院。開基は鑑真の弟子の釈道忠といわれ、奈良時代以来の法灯を今に伝えている。平安時代に関東天台別院として天台宗教化活動の拠点となった当寺は、鎌倉時代には畠山重忠や源頼朝が篤く帰依した。重忠は武蔵秩父の豪族で、父・重能のとき畠山氏を称した。治承四年（一一八〇）、石橋山の戦（相模足柄下郡）では、京で重能が平氏の人質となり、頼朝に敵対したが、のちに帰服。義仲追討時には義経軍にあって殊功をたて、奥州征伐に勲功があった。

さて、文治五年（一一八九）の奥州征伐の際、頼朝に祈祷を命じられたのが、ほかならぬ慈光寺の別当、厳耀《げんよう》だった。この厳耀も武蔵武士の名門・秩父平氏《へいし》の出身で、鎌倉幕府の有力御家人となった重忠の大伯父（もしくは伯父）にあたるとされている。つまり、慈光寺は幕府の庇護を受けつつ、秩父平氏とも良好な関係を維持していたのである。頼朝が没すると（正治元年＝一一九九）、幕府の実権は執権北条氏へと移ってゆく。

承久元年（一二一九）、三代将軍実朝が暗殺され、源氏の将軍が途絶えると、幕府（北条氏）は京都の摂家から九条道家（一一九三～一二五二）（東福寺の開基として有名）の息子頼経を迎え、四代将軍とする。九条家は五摂家の一で、藤原忠通（保元の乱の首謀者）の三男兼実にはじまる。京都九条殿に住み、兄基実のたてた近衛家に対抗した。十二世紀の中ごろ、兼実の孫道家の子良実・実経が二条・一条家をおこし、近衛家から出た鷹司家と合わせて五摂家の分立が完成。慈光寺には九条家にゆかりの寺宝も多く、源氏・九条家と続いた鎌倉幕府将軍家と密接なつながりを保ち、隆盛を極めた。盛時には山中に七十五の僧坊が並び建ったという。

この慈光寺とお茶との関係を語るとき、ポイントになるのは栄朝はまず前述の慈光寺別当・厳耀のもとで出家し、次いでかの栄西に師事して、天台密教と禅（臨済宗）を修めた禅密兼修の僧であったことだ。建久八年（一一九七）、栄朝は後鳥羽上皇の勅命を受けて慈光寺山中に塔頭《たっちゅう》として、禅宗寺院である霊山院《りょうぜんいん》を開基。その後さらに、栄朝は承久三年（一二二一）に上野国世良田《せらだ》（現群馬県太田市）に禅密兼修の長楽寺を開き、宝治元年（一二四七）に八十三歳で没するまで、長楽寺の住持として重きをなした。

長楽寺の栄朝のもとには、のちの禅宗の発展に大きく貢献する高僧が数多く修業に訪れているが、その代表格は拙著『日本茶の「未来」』にも取り上げた円爾《えんに》（聖一国師／東福寺開山）だろう。十八歳の折、三井園城寺《おんじょうじ》（現大津市）で剃髪出家した円爾は、三年後の貞応元年（一二二二）に栄朝を頼って世良田に下っている。栄朝が長楽寺を開基した翌年のことだった。その後、円爾は嘉《か》禎《てい》元年（一二三五）に宋（南宋）にわたり、六年に及ぶ修業ののち、仁治二年（一二四一）に帰国する。その三年後には帰朝報告のため、九年振りに長楽寺の栄朝を表敬訪問している。

そこでお茶にもどると、慈光寺は関東における天台宗の拠点であった由緒から、密教の修法に用いるために、中世以前に当地にお茶がもたらされ、かつ栽培されていた可能性は、十分にある。それに加えて、鎌倉時代には栄西―栄朝―円爾という師弟関係により、慈光寺に宋式の点茶法が将来されたことも、無理なく想像できる。河越氏が鎌倉の都市文化を享受し、喫茶の習慣に馴染んでいったように、慈光寺も幕府（将軍家）の源氏・九条家と太いパイプを有していたことで、鎌倉や京都の文化が直接流入する文化センター的機能を果たしていたのであろう。そう考えないと、山内に七十五坊が並立して隆盛を極めた理由の説明がつかない。

慈光寺がそうした都市文化受容の拠点であったことを物語るもののひとつに、鐘楼に懸かる銅鐘がある。これは寛元三年（一二四五）、長楽寺の栄朝が慈光寺に奉納したもので、鐘の表面に陽鋳された銘文（一一七ページの左写真）がその由緒を伝えている。寛元三年という年は、円爾が帰朝報告のために長楽寺を訪れた翌年のことであり、そこに九条道家を介した将軍家と慈光寺のつながり、また円爾と道家との東福寺開創（道家が発願者）にまつわる直接的関係を、いやが上にも想像してしまうのだ。

銅鐘の陽鋳の文字にも見える「大工物部重光」は、当時の関東鋳物師を代表する名工で、鎌倉建長寺の梵鐘（国宝）の作者でもある。河越経重が新日吉山王宮に銅鐘を奉納したケースと同様に、慈光寺の銅鐘も中央の文化が地方（武蔵国内）へと浸透していった過程を示す典型的な事例といえるだろう。ちなみに、建長寺の梵鐘は慈光寺のそれに遅れること十年後（建長七年＝一二五五）の鋳造で、藤原時代の様式をよく伝え、鐘座の蓮弁・飛雲文・道隆選の銘文など、陽鋳の美しさが際立っている。道隆は建長寺の開山、蘭渓道隆のこと。慈光寺の銅鐘と併せて拝観することをお奨めする。

筆者が慈光寺をたずねたのは、梅雨晴れの間隙をぬっての半日だった。都幾川に沿う西平の集落から葛折《つづらおり》の山路（参道）に入ってしばし、旧山門跡の明るい平場に出た。右手の道路脇に、印象的な青石塔婆（板石塔婆）が居並んでいる。板石の上部に見事な梵字《ぼんじ》を彫り込んだ大型の塔婆が九基、まるで下界からやってくる参詣人を出迎えるような風情がある。塔婆が造作された年代は十三世紀末から十五世紀半ばにかけてで、各僧坊からそれぞれ集められたものらしい。

さらに参道をたどってゆくと、右手に現れたのは覆堂に入った開山宝塔。覆堂の外側にはご丁寧に柵が廻らしてあり、堂内をのぞくことはまったく不可能だ。だから、現時点では残念ながら、開山宝塔に見《まみ》えることはできない。昭和五十年に失火（？）があり、そのとき貴重な蔵王堂と釈迦堂を焼失させたため、それを教訓にこうした対策をとっているのかもしれない。

開山宝塔の西側には寺名を彫った自然石の立派な石碑があり、その脇から狭い旧参道が上方に

のびている。旧参道に入ってすぐ、件の銅鐘が懸かる鐘楼に鉢合わせ。十三世紀に鋳造された梵鐘の銘文と直に対峙する感動は、なかなか味わえないものだ。せっかくだから、梵鐘の銘文をそのまま転記してみる。

奉冶鋳　六尺椎鐘一口
天台別院慈光寺
大勧進遍照金剛深慶
善知識入唐沙門妙空
大工物部重光
寛文三年乙巳五月十八日辛亥
願主権律師法橋上人位栄朝

椎鐘の〝椎〟は槌と同字で、槌でたたいて音を出す鐘の意。つまり釣鐘（撞鐘）のこと。三行目の大勧進は一般には寺院建立に関することを司る役であり、遍照金剛は大日如来の密号のことだが、大日如来はもともと密教の本尊であり、深慶は天台宗に属する高僧でもあろう

右：慈光寺の旧山門跡に立つ塔婆群
左：長楽寺の栄朝が慈光寺に奉納した銅鐘

か。片や、善知識は仏教用語で〝教えを説いて仏道へと導いてくれるよき指導者〟の意であり、妙空はかつて（唐は九〇七年に滅亡）入唐したことのある沙門《しゃもん》（僧侶と同義）であることはわかるが、そうした先人が栄朝とどのような関わりがあり、また銅鐘の鋳造にどんな役割を果たしたのだろうか。銘文からはそこまでの判断はつかない。

鐘楼の周りはうっ蒼とした森で、暗い地表によく目を凝らすと、野生化した茶樹が一面に生い茂っている。石段をのぼり、現在の慈光寺の小振りな山門に近づくと、門前の狭い参道の両側も茶樹に埋もれている。まさに慈光寺は〝お茶の寺〟と呼ぶにふさわしい。山門を入ると間口の広い本坊があり、その前庭にひと際目を引く大木が周囲を睥睨《へいげい》するように立っていた。県の天然記念物に指定されているタラヨウの古木だそうで、モチノキ科の常緑高木に分類され、モンツキシバあるいはノコギリシバといった別名がある。モチノキ科だけあって、樹皮からは〝鳥もち〟を製することができるという。

本坊前から西側の高みへと、さらに古い参道が続いている。すると、登りはじめた山道の右手に広い茶園が現れた。備前屋の敬一郎さんが「寺には境内茶園もありますよ」と言っていたのは、このことだろうか。少し荒れた佇まいが気になるが、今でも茶摘みは続けられているのだろうか。参道脇には相当年輪を重ねた古木が目につき、当寺の茶樹の花も中国種と同様に、雌しべが雄しべよりも長いタイプの個体がしばしば見られる、という話を思い出した。最初の茶種は、慈光寺の関東天台別院という寺格もあり、やはり近江（比叡山）あたりからもたらされたものに違いない。それとも、開基の釈道忠が直接、師の鑑真から譲り受けた可能性も考えられる。どちらにしろ、何ともロマンをかき立てるトピックではないか。

狭い参道の終点には、思わぬハプニングが用意されていた。行く手がパッと明るくなったと思ったら、突然開けた空間に壮大な堂宇が屹立している。慈光寺の観音堂である。かつて七堂伽藍を誇った名刹にしては、少々名前負けだなと感じていたが、目の前の威風堂々の観音堂からは紛れもない大寺の風格が伝わってくる。関東における天台の教化活動の拠点であった歴史は、まさにここで育まれたのである。

ふたたび車のハンドルを握り、一キロばかりの林道を進むと、全山庭園といった風情の霊山院に着く。栄朝が建久八年（一一九七）に開いた禅寺（慈光寺の塔頭）である。本堂の前に離れて建つ華奢な勅使門は、後鳥羽天皇の勅命で開基した寺の由緒を伝えるもの。天皇の勅使を迎えるためにわざわざつくった門、ということだろう。門前には今を盛りの美しいアジサイが植栽され、門の内側には青石塔婆が一基。慈光寺の旧山門跡に並んでいたのは、廃絶した僧坊から集められたこうした塔婆であったわけだ。

本堂の縁におかれた小箱には、寺の由緒書きとともに、有り難い御札がおさまっていた。それに曰く、「明るくなったら　起きて働き　暗くなったら　眠る　生の基本に　お戻りなされ」と。

慈光寺の本坊。前庭に天然記念物のタラヨウの古木が立つ

住職の仕業だろうが、何とも粋なことをなさるものだ。この御札一枚で、どれだけの参拝客が生の基本を思い出し、地に足のついた生活に立ちもどれるか、私は想像してみた。きっと、この御札を目にした参詣客は、清々しい気持になって下山し、明日からの仕事に新鮮な感覚で取り組むことができるだろう。境内にあまり茶樹は見当たらなかったが、私もなぜかとても得をした気分になり、意気揚々と山を下りることにした。

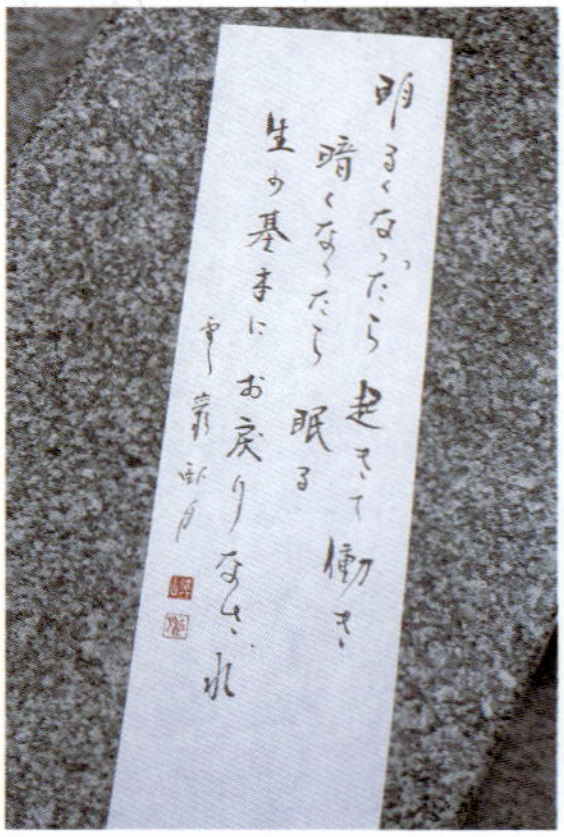

上右：慈光寺の壮大な観音堂
上左：霊山院の石柱と勅使門（うしろ）
下右：霊山院の境内でしめやかに咲くガクアジサイ
下左：住職の仕業？　霊山院の粋な御札

狭山茶ブランドの確立に貢献した狭山会社

さて、中世に広く武蔵国内に普及した喫茶習慣と茶の栽培ではあったが、近世への橋渡しは順調に進まなかった。その理由を、アリット発行の『狭山茶の歴史と現代』（特別展図録）では、以下のように分析している。

戦国時代に、鎌倉府の崩壊で東国各地の五山派禅宗寺院が衰退し、さらに戦乱によって無量寿寺が兵火にかかり、慈光寺が焼き討ちにあってしまいます。当時、抹茶の生産や需要は寺院や武家に限られていたため、茶園を経営する有力寺院やその保護者である有力武士が衰退すると、「河越茶」や「慈光茶」として名をはせた中世の抹茶産地も荒廃してしまったと考えられます。しかし、茶の栽培がまったく途絶えてしまったわけではなく、畑の畦畔（垣根）などに植えられた茶が庶民の番茶などに使用され続けたと考えられます。

茶葉の用途が抹茶から番茶に代わっただけでなく、この時代には茶の産地そのものが県西部の丘陵や山間地から、東部の平地へと移っていった。かつての埼玉郡や足立郡である。関宿藩（葛飾郡）などでは番茶が藩の勧業政策の目玉にもなっていたらしい。現代の武蔵野台地を中心とする狭山茶の産地の概念からすると、平野部での茶栽培はなかなかイメージしにくい。しかし、隣

の茨城県では現在でも利根川左岸の平地は関東を代表する猿島《さしま》茶の産地であり、真っ平な土地であっても茶の栽培は可能なのである。

　では、河越茶や慈光茶に代表されるかつての茶産地が息を吹きかえすのは、いつごろのことだろう。それは十九世紀初頭を待たねばならず、狭山丘陵北麓の村々に現れた何人かの地域のリーダーにより、狭山茶の復興プロセスは進められた。その中心的人物は二本木《にほんぎ》村（現入間市）の宮大工・吉川温恭《よしずみ》、坊《ぼう》村（現東京都瑞穂町）の剣士で俳人の村野盛政、今井村（現東京都青梅市）の篤農家・指田《さしだ》半右衛門らであった。彼らは水谷宗円にはじまるとされる蒸し製煎茶（宇治製）の技術もとり入れ、また江戸の茶商たちの指導や助言を仰ぎつつ、ついに本格的な煎茶の取り引きにたどり着く。

　こうした当時の復活狭山茶の状況を記したものに、入間市宮寺の出雲祝神社に建つ「重闢茶《かさねてひらくちゃ》場《じょう》碑」（口絵参照）の碑文がある。天保七年（一八三

防風垣の役目を担う畦畔茶

六）に地元茶業者の総意のもとに建てられた石碑は、市内に四基ある茶場碑のなかでも、もっとも古い。黒御影の台石も立派だが、そこに陰彫された碑文の文字がじつに美しい。撰文はのちの大学頭《だいがくのかみ》林韑《あきら》（復斎《ふくさい》）、筆をとったのは当時本邦随一とされた書家巻大任《まきのたいにん》（菱湖《りょうこ》）。大任からはやがて〝菱湖四天王〟が巣立つが、そのひとり、萩原秋巌《しゅうがん》は重闢茶場碑に並んで建つ「重建《かさねてたてる》狭山茶場碑」（明治九）の撰文の書を担当している。

ところで、林復斎（述斎の子）がいつ大学頭に任ぜられたかわからないが、はじめ支族を継いでいた復斎は急きょ林家《りんけ》の後継となり、大学頭を拝命したらしい。林家はもともと、祖の林羅山が家康に重用され、家綱に至る四代の侍講として朱子学を講じた。元禄四年（一六九一）、三代鳳岡《ほうこう》のとき、忍ヶ岡（上野）にあった林家の私塾は湯島に移されて幕府の官学・昌平黌《しょうへいこう》となり、鳳岡は初代大学頭に任ぜられる。以後、林家が代々大学頭を世襲するわけだが、幕末にその任についた復斎には、重要な役目が回ってきた。

折しも時代は開国前夜、嘉永六年（一八五三）には突如、ペリー艦隊が浦賀に来航。その際、ペリーの応接役に任

右：瑞穂町駒形富士山の畑中にある村野家墓地
左：青梅市今井に建つ先哲紀年標。指田半右衛門を顕彰

じられたのが、ほかでもない、大学頭の復斎だった。そもそも大学頭の職責は幕府の学問所の一切を統轄することにあったはずで、突然外交の最前線に立たされた復斎は、さぞかし面食らったことだろう。このとき、復斎の補佐役をつとめたのが膳所《ぜぜ》藩（近江）の儒者・関研《せきけん》であり、米艦上にいたペリーの求めに応じて呈茶したのが、大津産の銘茶「無名」だった。興味ある向きには、私の前作『日本茶の「発生」』を参照いただきたい。

茶場碑の脇には、親切にも碑文の内容を解説したボードが立っている。それに曰く、「鎌倉時代栄西によってもたらされた茶は、各地に広まり、この地方にも川越茶がつくられた。その後、戦国の乱をへて衰微したが、江戸時代の後期に狭山茶復興の機運がおこり、地元の吉川温恭・村野盛政の努力で再興され、文化・文政時代に至って茶の復興全くなり、茶戸五十有余におよび、江戸との取り引きも盛んに行われた。そこで、天保元年に建碑の議がまとまり、同七年に建立された」と。当時の時代状況がじつによくわかる内容になっている。「茶の復興全くなり」の言い回しに、復興をなし得た自信と喜びが直截にあらわれている。

こうして、新しい製茶法や茶畑の改良は、吉川や村野らが住む入間市域から県内各地域へと急速に広まっていった。その過程で、品質の優れた煎茶の量産体制を築くために、宇治から高価な茶種を購入したり、肥培管理の向上をはかるなどの努力がはらわれた。結果として、江戸の茶問屋との取り引きも年々増加していった。しかし、茶問屋のこの地方のお茶に対する評価はけして高いものではなく、「関東のお茶」「田舎の茶」などと総称され、むしろ高級茶の売値を下げるための〝下支えの茶〟として重宝される始末だった。

その一方で、吉川家の茶には「東野」、指田家の茶には「霜乃花」「桂野」、村野家の茶には「若草」「君ヶ梅」などの茶銘がつけられ、生一本の銘柄茶として取り引きされた。

狭山のみならず、全国のお茶の栽培面積と生産量が飛躍的に伸びるのは、海外輸出のはじまりとリンクしている。安政五年（一八五八）の通商条約の締結にともない、その翌年には神奈川（横浜）・長崎・箱館の三港が開港し、手探りの中で海外貿易がスタートする。当時の輸出の主力品は生糸と茶を筆頭に、玉糸（節糸）・米・石炭などが続いた。貿易物資の輸出・入は横浜港中心に行われたため、地元の商人は日光脇往還（シルクロード）を利用して横浜へ荷送した。途中、八王子の商人が介在するケースも多く、そのため茶商らは狭山茶のことを〝八王子茶〟と呼んでいた。

「ハッチャ（八茶）、ですね。明治の三十年代まで、八王子はお茶の集積地として繁栄しました。ウチも創業者の曾祖父が、お茶を十五、六頭の馬の背にのせて、八王子まで運んでいたそうです。現地に着いたら紋付き袴に着替えて、商談にのぞんでいたらしい。八王子までの道中では、しばしば追はぎに遭遇したそうです」

敬一郎さんが備前屋の創業当時（明治初年）を振り返って、こんな話をしてくれたことがある。〝馬の背〟といい、〝追はぎ〟といい、便利な現代からは想像もつかない苦労があったのだ。しかも、横浜での茶の取り引きは外国人居留地の商館で行われたため、いまだ商取り引きや貿易のノーハウに疎い日本の商人は往々にして商館側の術中にはまり、対等なビジネスからはほど遠かった。当時の実情は、拙著『印雑《いんざつ》一三一』の中で詳しくふれておいた。

こうした不平等から抜け出すためには、外国資本を介さない〝直《じき》輸出〟に移行せざるを得なかった。悪いことに、明治七〜八年になると、茶価は低落の傾向をたどるようになり、生糸とともに幕末・維新期の輸出を支えたお茶の前途が怪しくなる。八年には政府も茶の直輸出の緊急性をはっきりと認め、それにはまず日本人自身が再製をマスターする必要があると考え、内務省勧業寮に本色茶製茶場をしつらえた。わざわざ〝本色茶〟と命名したのは、当時、偽茶・粗悪茶が横行し、海外のひんしゅくを買いはじめていたからだ。再製茶場では荒茶を十分に乾燥し、しかも着色しないで仕上げた本色茶を、はじめて輸出に回した。同年三月のことである。

こうした政府の態度に勇気づけられてか、茶を再製輸出する会社が相次いで設立された。高知県の士族・岡本健三郎や新潟県の村松会社、静岡県の積信社などに加え、地元埼玉には狭山製茶会社（狭山会社）が立ち上がった。狭山会社は明治八年、埼玉県域の製茶業者三十名が集い、黒須村（現入間市黒須）に誕生した茶の直輸出を目指した会社で、初代社長には繁田武平が就任した。日本人だけで製茶の直輸出に取り組んだ会社としては、本邦最初のものだった。直輸出の実現はともかく、狭山会社が果たした功績のひとつに、狭山茶ブランドの確立がある。埼玉県と東京都の西部地域で産出するお茶を〝狭山茶〟の名称で統一し、ブランド化をはかったのだ。

のちに偽茶・粗悪茶追放のため、政府への建議責任者に選ばれた九尾文六《ぶんろく》（静岡・牧之原開拓のリーダー）も、狭山会社から直輸出のノーハウを学んだひとりである。文六は明治九・十年と立て続けに狭山会社を視察し、みずからも直輸出の会社設立の自信を深め、現実に十一年の六月には比木村（現御前崎市）に有信社を立ち上げ、直輸出を開始する。だが、狭山会社が八年余りで経営に破綻をきたしたように、有信社もわずか三年で解散を余儀なくされている。

こうして、狭山会社をふくむ全国各地におこされた直輸出の会社が、結果的にことごとく経営困難に陥り、早々に倒産に追いこまれた裏には、外国貿易に対する経験の浅さ、また情報入手の稚拙さという原因はあったにせよ、根本的には資本力の弱さの壁をのり越えられなかったのである。それでも、明治期は荒茶生産のうちの六〜九割を輸出に回し、輸出品目のエースの面目を保つことができた。だが、明治末年に漸減がはじまって以降、今日に至るまで、二度と日本茶が輸出品のエースの座に返り咲くことはなかった。

そして今、業界ではリーフの国内販売の低迷を受けて、海外輸出に活路を見出そうとしている。だが、農薬の規制をふくめ、そのハードルは想像以上に高いものとなっている。前作や『印雑一三一』にも書いたことだが、今後は硝酸塩の含有量なども規制の対象となろう。そうしたとき、業界としてどう対応するつもりなのだろう。現状のように手をこまねいていたら、明治のときの過ちを繰り返すだけではないか。私はそれを危惧している。

今、業界としてやるべきことは何なのか。国内・輸出用にかかわらず、極力農薬とチッ素肥料に頼らない（できれば無施肥・無農薬が理想）茶業を早急に確立する必要がある。こうした先手（すでに後手でしかない?）を打たない限り、海外輸出の復活は覚つかない。それどころか、国内の消費はさらに落ち込むに違いない。小川八重子が消費者に求めてやまなかった「赤裸々なニーズの表明」を、ようやく消費者は本気で意識しはじめている。そのニーズとは、香りの高い、真に安全なお茶にほかならない。いずれはっきりするだろうが、海外の輸出ルートにのるお茶も、そうしたお茶をおいて、ほかにないはずだ。

五章　謙三を支えた研究機関の俊英たち

謙三の生家にほど近い高麗神社の境内に建
つ高麗家住宅。若光の子孫代々の住居

「断然意を決し、製茶の業に志し……」

明治八年、入間（旧黒須村）に狭山製茶会社が設立される以前、日本茶輸出の先行きに危惧を抱き、みずから広大な茶園を拓いて生産・販売につとめ、のちに製茶機械の発明をも成し遂げた男がいる。後世、「近代製茶機の祖」と称えられた高林謙三である。しかし、備前屋の敬一郎さんが指摘するように、これまで謙三の人間像や業績は、その功績の大きさにもかかわらず、茶業関係者の間でもほとんど語られることはなかった。もちろん、業界とは関わりのない一般市民の間では、謙三の名前すら知られていない。

私は一昨年の秋、はじめて敬一郎さんと出遭い、みずからの怠慢を恥じつつ、手渡された資料を夢中で読みこんだ。自身、「高林謙三翁を顕彰する会」の事務局をつとめる敬一郎さんからも直接、謙三にまつわる貴重なエピソードを多々聞くことができた。筆者のこれまでの無きに等しい謙三観を豊かに肉付けするためにも、この章では謙三の業績と人間関係に改めて光をあて、謙三に対する自分なりの顕彰をまとめてみたい。これにより、謙三の人間像の輪郭が少しでも明瞭になるなら、書き手冥利に尽きるということだろう。

さて、謙三の全貌に迫る旅の基点は、彼の生地、旧高麗《こま》郡平澤村（現日高市平沢）におきたい。奈良時代に朝鮮半島から移住してきた高麗人により拓かれた由緒をもつこの地で、謙三は農業小

久保忠吾・キクの長男として誕生。天保三年（一八三二）、四月二十五日のことである。四歳下に弟の衡平《こうへい》がいた。謙三は幼名を捨次郎といい、やがて健次郎と改名し、最終的に謙三に落ちついたのは明治元年のことで、このとき姓も小久保から高林に改めている。ちょっと複雑？

農家とはいえ、読み書きのできる両親に養育された兄弟は、ともに学問を愛する少年に育った。謙三十六歳、衡平が十二歳になったとき、両親はふたりを江戸の権田直助の塾にあずける。親子合意の上の出立だった。権田は隣村毛呂山《もろやま》（現毛呂山町）の出身、家は代々の漢方医で、江戸に出て国学と医学を教えていた。謙三はここで三年、次に西洋医学の井出禎方《ていほう》と佐倉順天堂（千葉）の佐藤尚中《しょうちゅう》にそれぞれ一年ずつ師事した。そして、二十二歳にして弟衡平と武

右：謙三生誕地の裏手にある天神社
左：ＪＲ高麗川駅前に建つ謙三生誕の地碑

蔵国引又町《ひきまた》（現志木市）に西洋医院をひらくも、客が寄りつかず、一年で廃業。

そこで謙三はふたたび順天堂に舞いもどり、西洋医学を学びなおす。三年を経て、地元有士（岩澤新左衛門）の好意で入間郡小仙波村（現川越市小仙波）に借家し、西洋外科医を開業する。岩澤家は小仙波で代々続く名望家で、このとき以来、謙三は新左衛門―虎吉と二代にわたる有形・無形の支援を受けている。のちに謙三は次々に製茶機械の発明を成し遂げるわけだが、そうした達成も岩澤親子の存在なくしてはあり得なかった。

敬一郎さんから頂戴した森薗の『高林謙三翁の生涯とその周辺』には、岩澤親子の横顔を次のように綴っている。

> 虎吉は翁が岩澤家の離れ家に医院を開業した前年（安政二年＝一八五五／筆者注）に生まれ、父が支援する翁から飴玉などももらって育ったが、成長するに及び父にも増して、自分より二三歳年上の謙三翁に深く敬服し、翁の製茶器械発明の成功を願い、経済的支援をおしまなかった。〈中略〉私産を抵当に埼玉県勧業資金を借用し、翁に貸し与えたほか、多くの資料援助をしており、翁の発明の成功は岩澤親子の経済的援助の賜と言っても過言ではない。
> 虎吉は多くの経済的支援をしながら、その代償として翁に製茶器械製造並販売の権利等何も求めず、権利は松下幸作に渡っており不思議に思われるほどである。（傍点筆者）

謙三の成功の陰には、見上げたパトロンがついていたのである。松下幸作に関しては、後段で詳しくふれる。とまれ、二度目の開業は川越という地の利もあって、瞬く間に噂となって広がり、地元に迎えられる。その年、謙三は新左衛門のすすめで川越一の薬種問屋「伊勢屋」の娘、十九歳のさく子と結婚した。よくできた妻で、医院の受付から薬の調合までして、謙三を助けたらしい。開業して三年目には、さく子の強い要望で両親を平澤村から呼び寄せ、孝養を尽くした。さらにその三年後の文久二年（一八六二）には、岩澤家からほど近い同じ小仙波の琵琶橋に、独立した医院を建てる。名医の評判は川越藩主松平大和守の耳にもとどき、翌年、謙三は藩主の侍医にとり立てられた。このとき、謙三は小久保健次郎から高林謙三へと名をかえ、同時に妻のさく子もはま子と改名した。

しかし、謙三のその後の進路と重ね合わせるとき、重要な転機となったのは、明治二年（一八六九）にほかならない。この年から翌年にかけて、謙三は岩澤家の力を借りて、喜多院の隣や中《なか》谷山《たにやま》（後述）に茶園を拓いた。謙三がのちに（明治十九年）埼玉県勧業課に提出した「製茶機械発明履歴」には、そのときの事情を以下のように説明している。

〈前略〉百般の事物悉く之を海外に仰ぎ輸入品目を逐《お》て多き加ふるも、我より輸出する所の物品只僅に製糸、製茶の二品あるのみ。而も其産額僅少にして之を償ふに足らず。国家財政の権《けん》衡《こう》を失ふ。寧《いず》んぞ久きに堪《た》ふるの理あらんや。此時に方て朱錙《しゅし》の金螻蟻《きんろうぎ》の知も各自応分の力を尽くし以て国に報せんはあるべからず。

近年米人の日本茶を嗜好する年を逐て増加するを以て惟らく、宜く此事を起し上は国家万分の一に報し、下は自家継続の資産となさんと。断然意を決し、製茶の業に志し、明治二年より三年に渉り、数丁歩の山林を開拓し播種栽培非常の丹精を凝らし、同十年に至り、漸々繁殖して満円白地を見ざるに至る。

朱錙（銖錙）は〝きわめて僅少なこと〟、螻蟻は〝小さくてつまらないもののたとえ〟、だから、「朱錙の金螻蟻の知」は〝ささやかな知恵〟を大袈裟に表現したもの。それはともかく、「断然〜丹精を凝らし」のフレーズに、謙三の製茶に対する並々ならぬ決意が述べられている。では、西洋外科医として大成した謙三を、ここまで茶業に傾倒させたキッカケは何であったのだろう。敬一郎さんから森薗本と一緒にいただいた『みどりのしずくを求めて』（青木雅子著）の中に、そのヒントが記されていた。以下に引用する。

佐倉市史によると、佐倉では、天保十五（一八四四）年、楽園《（ママ）》（薬園のことか？＝筆者注）の一部を茶園とし、安政四（一八五七）年には、その茶園を拡大している。明治三（一八七〇）年、佐倉藩では、士《さむらい》をやめた人たちのくらしのために、茶業をすすめている。明治四（一八七一）年には、茶業をひろめるために、佐倉藩内にお茶のたねをくばっている。

佐倉順天堂の佐藤尚中の長男・佐藤百太郎は、ニューヨークではじめて、日本茶をうったというし、佐藤百太郎は、明治七（一八七四）年には、上野《こうずけ》の国（群馬県）に製茶会社を作り、輸出製茶にはげんだといわれる。

私は、謙三が、佐倉順天堂にまなんでいるとき、茶園をみて、なにか心にひらめくものがあったのかもしれない、とおもった。（傍点筆者）

驚きの情報である。幕末・維新期に佐倉藩で帰農する武士に茶の栽培をすすめたという話は、けして珍しいことではない。牧之原開拓をはじめ、全国で同様のケースが見られたわけで、近くに狭山（埼玉）・猿島（茨城）といった茶産地があった千葉の佐倉藩としては、ごくしぜんに茶の栽培で殖産興業をはかろうとしたのだろう。驚くべきは、謙三が師事したことのある佐藤尚中の息子、百太郎《ひゃくたろう》がニューヨークで日本茶を売った最初の人物というエピソードだ。その百太郎は明治七年には群馬に製茶会社をおこし、輸出製茶（直輸出？）に精励したというのだから、まさに狭山会社に先んずる茶輸出のトップランナーであったのである。

重要なのは最後のパラグラフだ。著者の青木は、謙三が順天堂で医術修得にはげんでいたとき、偶然茶園を目にしてひらめくものがあったのでは、と想像している。たぶん、そのとおりであろう。だが、畦畔茶ていどの茶園なら川越近辺にもあったはずで、謙三の心を揺さぶった順天堂の茶園はもっと規模の大きい、よく管理された畑であったのかもしれない。いずれにしても、謙三が明治二年に開墾をはじめた茶園は、喜多院の隣地から少し南に離れた中谷山（中谷園／現在の中台元町か？）あたりにまで及んだらしい。中谷園はじつに四町歩の広さがあったという。

〝連続式〟の嚆矢は〈自立軒製茶機〉だった

その後、明治十年には収穫した茶葉で製造に着手し、四方から優秀な茶師が集められた。若い茶師は本場宇治へ修業に出して、腕をみがかせた。すると、そうした努力の甲斐はお茶の品質となってあらわれ、中谷園の手揉み煎茶は市場で早々に高い評価を獲得する。そのころ、茶の相場は一貫目（約三・七五キロ）五～六円で、六円の茶は最上級品だったが、中谷園の茶はその上の六円五十銭という値がついた。

製茶機械の発明王がじっさいに茶園経営に携わり、こうした成果をあげていたこと自体大きな驚きであったが、謙三はさらに共進会にも積極的に参加していた。明治十六年三月十七日、一府六県茶共進会（府は東京府）が埼玉の浦和で開かれたとき一等に入賞、金盃を授与される。同じ年の秋には神戸で第二回全国製茶共進会が催され、中谷園のお茶は三等に入賞、銀盃と金五円を授かる。その品質の高さから、中谷園謹製の手揉み茶は、商社の間で奪い合いが生じるほどの人気だった。

一方で、謙三は自園の製茶作業をつぶさに観察して、その効率の悪さに当初から気づいていた。手揉み製茶の労働生産性の低さに愕然としたのである。これの解決には機械製茶の導入によりコスト削減をはかるしかなく、謙三は製茶機械開発の構想を練りはじめる。ときに明治十一年、謙三四十七歳のことであったという。そんなさ中（同十三年）、謙三は過労から肺結核をわずらい、安静と療養の日々に入る。だが、この病中こそ謙三にとっての〝発明の源泉〟となったのだから、わからないものである。

翌年には、茶壺の中で動く茶葉から想を得て、三年掛かりで焙茶《ほいちゃ》器械を完成（十七年）させる。これと併行して考案・研究していた生茶葉蒸器械、製茶摩擦器械も、翌年に相前後して完成。この年（十八年）の七月一日、日本に特許条例が施行されるのを待って、謙三はさっそく三つの器械の特許を出願し、同年八月十四日付をもって十五年を期限とした専売特許証が下付される。生茶葉蒸器が第二号、焙茶器械が第三号、そして製茶摩擦器械が第四号だった。ちなみに、第一号は宮内省技師・堀田瑞松が発明した軍艦塗料であったから、民間の発明家として特許証を得たのは、謙三が紛れもなく最初である。

このあとも、謙三の新機軸の機械発明は次々と実現していく。三つの特許をとった十八年の秋（十一月十日）には、改良扇風器で特許第六十号をとり、翌年三月二十日には茶葉揉捻器で特許第百五十号を取得。これらに随時改良を加えた上で、新しく開発した搓揉器《さじゅう》（のちの粗揉機）を加えたひとつながりの機械セットこそ、謙三が最終的に目指していた理想の製茶機械だった。十九年に完成したこのラインに、謙三は〈自立軒製茶機〉と名をつけた。機械の構成は、蒸器・搓揉器・揉捻器に乾燥機を組み合わせ、火床はひとつで同じ煙道の放熱面を利用するというもの。

最初の蒸器から最後の乾燥機までが一連になっていて、その上でひとつひとつの機械は把手で操作し、順次蒸しから乾燥へと流す仕組みがとられていた。

この〝一連〟で思いおこすのは、戦後の昭和三十一年、静岡茶試（当時）で披露された一連式製茶機（試作機）のことだ。もちろん、この研究に職を賭してあたったのは当時の試験場長、有馬利治だった（拙著『印雑一三二』参照）。だから、私はのちのＦＡ機につながる一連式の元祖は有馬の試作機であることを、信じて疑わなかった。だが、今回高林謙三の数ある業績の中に、この一連式の着想がすでにあったことを知り、正直、肝をつぶすほど驚いた。有馬が発想する七十年も前に、謙三はとうに一連式のプロトタイプを完成させていたのである。〝高林式粗揉機〟があまりにも有名なため、謙三は粗揉機の発明家として認知されてしまっているが、じつは連続式のアイディアを考案・実現したパイオニアでもあったのだ。

だが、皮肉にも、この革新的な自立軒製茶機が謙三の首を締めることになる。一連式完成のニュースは埼玉県から農商務省（当時）へと報告され、即刻全国各地へ伝えられた。時の県知事・吉田清英は熱烈な謙三の支持者で、さっそく一連式の講習会が企画され、十九年の六月から七月にかけて、川越・小仙波の謙三の家を舞台に、一連式のお披露目・講習が行われた。講習会は三府八県から千人近い見物客・講習生を集め、大盛況を呈した。実演の結果も上々で、見学者たちはでき上がった茶を試飲すると、次々に感嘆の声をあげた。

自立軒の名はたちまち日本各地の茶所に知れわたり、機械の注文が殺到した。翌年の茶期まで、注文は途切れることがなかった。そんな事情もあって、二十一年三月には、謙三は県から功労表彰を受ける。ところが、これと相前後するように、思ってもみない自立軒製茶機に対する苦情が相次いだのだ。結論から言えば、実地の講習で機械の性能を確認した上で購入したにもかかわらず、結局彼ら（購入者）は一連式を使いこなせなかったのだ。

しかし、謙三はそうは受けとらなかった。自分にはうまく使えても、未熟な茶師が自在に使いこなせないのであれば、それは不完全な機械にほかならない、と考えた。こうして、謙三はつかみかけた名声を一夜にして失い、一転、絶望の縁に立たされる。機械代金は回収されることなく、返品された機械が謙三の家の庭に山積みとなった。時に謙三五十七歳、そのときの心境を次のように綴っている。

本器械、考案日尚浅クシテ欠点少ナカラザルガ故ニ、本器ノ購入ヲ請求スル者夥多ナリト雖モ、十中ノ七八ハ其請求ニ応ゼズ。来テ実地使用上ヲ実見シ、之ヲ会得スルモノニ限リ譲与セリ。然レ共帰県後之ヲ実用シ其ノ使用ヲ謬リ効益ヲ見ルモノ稀レニシテ、名声頓ニ拙折シ最初ノ芳名ニ引換ヘ、汚名汎リ同業者間ニ喧伝シ、醜声囂々《ごうごう》終ニ底止スル処ヲ知ラズ余慚憤措ク能ハズ

（傍点筆者）

謙三はみずから発明した自立軒が欠点が多いことを認め、製作を急ぎすぎたことを反省している。その上で、一連式の失敗から学び、今やるべきことは連続機械の完成ではなく、順序を踏んで、ひとつひとつの単能機を完全なものにすることに思い至った。まず最初に謙三がとりかかったのが、揉葉機（のちの粗揉機）の考案・開発だった。長い試行錯誤が続き、ようやく試作機の完成にこぎ着けたのは、明治二十五年七月のことである。何はともあれ、日ごろ支援の手を差しのべてくれていた農商務省に報告するため、謙三は上京し、その夜は弟衡平の家に止宿した。

四十五年も前、兄と一緒にふる里平沢村をでた衡平は、東京でオランダ医学からイギリス医学まで勉強し、明治十年の西南戦争時には官軍の病院長として活躍した。医学書もたくさん出版し、そのころには大学教授を任じていた。この夜、謙三が衡平に完成間近の揉葉機のことを、嬉々として語り聞かせたであろうことは、言をまたない。だが、謙三が衡平と久しぶりの再会を果たしているとき、川越ではとんでもない事件がおきていた。

隣家からの失火で、小仙波の家が全焼してしまっていたのだ。家財はもちろん、苦心惨憺して仕上げた揉葉機もすべて、灰燼に帰していた。四年前の自立軒の失敗に続く不幸が、謙三を見舞ったのだ。このときのショックを、謙三は手記にこう記している。

明治十九年医道ヲ廃業シ単身該業ニ従事セルヲ以テ、資材蕩尽、加フルニ斯ル災害ニ際会シ如何トモスル能ハズ。四、五日間呆然為ス所ヲ知ラズ。回顧スルニ製茶器械タル、茶業開始以降玆ニ数百年、未ダ壱人此器械ノ発明者アルナシ。茶ハ器械ノ能ク及ブ所ニアラズトハ、茶業者一般ノ与論ナルニモ拘ラズ、微力ヲ顧ミズ此困難ナル事業ニ着手セン事ナレバ、創業当初ヨリ斃レテ止ムノ精神ナルガ故ニ、仮設如何ナル艱難ニ際会スルモ、今更生命ノアラン限リ逡巡スル能ハズ。敗神ヲ鼓舞シ、爾後尚一層奮励、焼跡ヘ身ヲ容ルルバカリノ小屋ヲ造リ、即日器械ノ再興ニ掛リ、必死尽力ヘ〈後略〉　（傍点筆者）

何という謙三の精神力の強さだろう。ふつうの人間なら、明日の生活にも事欠くなかで、こうした過酷な運命に出遭えば、まず立ち直ることは不可能だろう。それに、謙三はすでに還暦をこえていた。だが、この不屈の発明家は四、五日呆然としたあとには、焼け跡に掘っ立て小屋を建て、早々に再起をはかっている。謙三には、ここで機械製茶への初志を諦められない理由があった。自立軒の試みが破綻したとき、茶産地と業界に「機械ではお茶はつくれない」という非難と不信の声が、たちまち広がった。だから、謙三は一日も早く揉葉機を完成させ、こうした声に対抗する必要があったのだ。皮肉なことに、機械不信は地元埼玉でいちばん根強く、それがのちのちまで尾を引くことになる。

成功を演出したふたりのキーマン

その年の秋には、焼けた揉葉機の改良型が完成。試験の結果は良好だった。そんなところへ、翌春になって農商務省の技官がたずねてきて、謙三に意外な話がもちかけられる。東京に移住して、新たに一大製茶場をつくり、西ヶ原（現北区）の農務局茶園の茶葉も自由に使い、研究に没頭してほしいという願ってもない申し出だった。茶園にほど近い染井（現文京区巣鴨）の藤堂屋敷内に、すでに謙三一家が住むための空き家も用意されているという。謙三に、こんなありがたい勧めを断る理由はなかった。

では、農商務省（農務局）の当局は、なぜこのような破格とも思える条件を謙三に提示したのだろう。ここは『高林謙三翁の生涯とその周辺』の著者、森薗本人に語ってもらおう。

(当局が)翁の製茶機械に取り組む一途な姿と、その貧困ぶり、掘立小屋住まいの不遇ぶりに対する同情もあったが、当時誰れも彼もが早く製茶機械の出現を待ち望んでいたし、染井には附近に茶葉も多く入手しやすいし、又農務局の茶園の芽を使って試験すれば、機械の完成にも、拍車がかかるだろう。翁を引立てようではないか、それも農務局の務《つとめ》の一つではないかと、多田元吉、村山鎮、大林雄也氏等が協議した上の計らいからであった。(傍点筆者)

機械不信の根強さを書いたばかりだが、一方で研究機関をはじめ、製茶機械の出現を待望する世論の高まりも無視できないものがあった。国の機関がここまで一個人に支援の手を差しのべたことからも、当時の謙三の研究に対する評価がいかに高かったかが、逆に知れよう。私がうれしく感じたのは、謙三の力量を見抜いた技官の名前のなかに、多田元吉や大林雄也の名が入っていたことだ。多田は説明するまでもなく、勧業寮の職員であった明治九年にインド・アッサムに派遣され、当地の種子をもち帰り、後年、多田系インド雑種(多田印雑)と呼ばれる系統の誕生に大きく寄与している(多田について詳しく知りたい向きには、拙著『印雑一三一』を参照されたい。)。

大林雄也は謙三宅を直接訪問し、東京移住を勧めた張本人。私のなかでは、大林は杉山彦三郎の〝ライバル〟として対置されている。その関係は、同じく拙著(『印雑一三一』)のなかで確認していただくとして、ここでは大林の人物像を少し詳しく紹介しておきたい。大林は明治二十年に東京農林学校(現東大)を卒業し、西洋農学(栽培専攻)を学び、農商務省製茶試験所につとめて一貫して茶業の試験研究にしたがい、明治四十年代に『茶樹栽培法』を著した人物。明治二十年に大学を卒業したということは、高林家をたずねたときには、まだ二十代後半の若手技官だったはず。謙三の目には、のちに日本を代表する茶の研究者となる若い職員が、どんな風に映っていたのだろうか。

この大林、明治二十九年には農商務省製茶試験所が西ヶ原に設置されるに伴い、そこの主任に抜擢されている。当時彼は、手揉みの流派が林立していて、それぞれに技を競い合っている現実を目の当たりにし、同三十七年になって全国製茶教師の組頭であった戸塚豊蔵（誘進流）らと計って、手揉み技術の標準化に取り組んでいる。翌年には〝全国型〟を打ち出したので、その年にちなんで「三八年式」と呼ばれた。前に平成（十六年）の標準製法についてふれたが、そのときより百年も前に、最初の手揉み技術の標準化がはかられていたのである。

それはともかく、のちに彦三郎と品種改良の論争を繰り広げることになる大林の業績の中で、あまり語られることのない貢献が肥料（土壌管理）に関するものだ。明治から時代はだいぶ下った昭和二年、『静岡県茶栽培要項』では、茶園間作緑肥としてセラデラ（反当たり四三四貫）、ザートウィッケン（一二六二貫）、黒千石大豆（二七四貫）、浜茶（カワラケツメイ／一九五貫）の利用をすすめている。この〝間作緑肥〟の研究こそ、明治四十一年以来、大林と静岡茶試（当時）の丸尾文雄らが取り組んだ試験であり、金肥に頼る栽培は経営困難を将来しやすく、その弊に陥らないために大林らは間作緑肥の利用を推奨したのである。

近年はまた、緑肥が別の意味で注目されている。土壌が化学肥料の多投などで弱ったり、作物に病気が出やすくなった際、その栽培環境を改善するために緑肥が使われるようになったのだ。もともとアメリカから入ってきた考え方らしいが、無施肥・無農薬の実践農家からすれば、けして新しい手法とは言えないだろう。ちなみに、丸尾文雄は大正十一年にインドのアッサムから〝マニプリ種〟をもたらし、のちの印雑一三一（品種）の誕生を準備した立役者であった。

大林からつい、話がそれてしまった。その大林の川越訪問から間もない二十六年四月、謙三一家は東京移住を果たす。落ちついた先は農務局が手配してくれた染井の藤堂屋敷内の借家で、その一角に機械を試作するための作業場ももうけられた。この東京移転に際し、謙三はその後の研究・実験を滞りなく進めるためには、どうしても片腕となるいい助手がほしいと考えた。周囲から期待されている単独機の完成を少しでも早めるためにも、是が非でも有能なアシスタントが必要だった。

思いめぐらす中で、謙三はこの人物しかいないという助手候補が心に浮かんだ。のちに謙三の右腕となり、揉葉機の完成に献身的な助力をした遠藤定吉である。定吉は土木や金工に熟達しているほか、すでに茶の商売も経験していた。北足立郡桶川町（現桶川市）出身の定吉は、当時妻を亡くし、ふたりの子どもを里子に出し、自身は下野・葛生町（現栃木県佐野市）の養蚕業、片柳正次郎宅に住み込みで働いていた。謙三からの協力要請の書状を受けとると、（二十六年）三月二十九日には川越の高林家をたずね、謙三の製茶機械にかける高い理想に共鳴。さっそく高林家に居を移した定吉は、翌日からは東京移転の準備にかかり、四月中旬には謙三一家の引っ越しにこぎ着けるのである。

粗揉機の完成で得た〝近代製茶の祖〟の称号

定吉が助手についた効果は絶大だった。それまでなかなか進まなかった火炉の改良が、定吉が軍船で目にした蒸気罐《かま》の運転方法や火熱の採り方を参考にして、謙三は採葉機の釜（胴）を直火で熱する方式から、胴の両側面から火熱を釜の中へ導入するシステムに改めた。同時に、機内で茶葉が鉄気にふれることを避けるため、胴の揉み底を竹張りとした。〝竹だく〟使用の嚆矢《こうし》であり、現在も粗揉機の揉み室の下半分は竹張り仕様になっている。

それでも、クリアーできない課題が残った。手揉みの場合、手のひらの感覚で、茶を揉みながらちょうどいい具合に茶葉の乾燥を進めることができる。機械でそれを両立させることができれば、手揉み茶と同じようなお茶ができるはずだった。二十八年の夏のある日、朝食をとっていた謙三は、手揉みの動作をする機具を機械内部に据えつけることを思いついた。つまり、これまでは機械の胴体の真ん中に一本のシャフトを通し、そこに茶葉を入れて熱風を送りこみ、排気させながら手でハンドルを回すだけの仕組みだった。

こんどの発想は、シャフトに直接揉み手と浚《さら》い手（葉浚い）を上下にとりつけ、これを回転することによって揉み手と浚い手が人間の手と同じような働きをし、この反復で茶が揉まれると同時に乾燥も促すという考え方である。しかし、その工作は思いのほか手間どり、製図に半年を要した上に、定吉とふたりで昼夜兼行で試作にあたり、翌二十九年六月の終わりごろ、ついに揉葉機が完成する。だが、製造試験をしてみると、茶葉が釜底に沈み、うまくもち上がらない。

ここでアイディアを出したのは、やはり定吉だった。彼の着想は、葉浚い手を熊手様のものにとり替えること。いざそれを急造してシャフトにとりつけると、じつによく葉をすくい上げ、乾燥もうまくはかどるようになった。この進展がよほどうれしかったとみて、謙三はその日のノートに次のように記す。


当製茶機ニ従事シテ茲二十有七年、見込始メテ達ス。是ヨリ三番茶ヲ以テ十二分ノ比較製ヲナシ、漸次当業ノ一大改良ヲ計畫スベシ。茶ハ製茶機械ニテ十分デキ得ル□確見、今日始メテ達ス。七月十日ヲ永久記念、忘ルベカラズ　（傍点筆者）

「茶ハ製茶機械ニテ十分デキ得ル」のひと言に、謙三がついに到達した境地の遠く、平坦でなかったことがしのばれる。同月十六日には、当時、日本の工学界の権威であった関口八重吉（博士）と大林技師を招いて批評を求めると、ふたりとも試作機の上々の出来をほめ、ぜひ秋までに製作を終われるようにと謙三を激励した。自立軒の失敗が脳裏にあった謙三は、慎重には慎重を期したため工作は秋には間に合わず、翌年の一番茶にかけることになった。

だが、翌三十年の三月二日、謙三は喀血《かっけつ》し、床につくことになる。機械の完成はさらに遅れたが、それでも謙三は万全でない体調をおして工作に励み、九月はじめに至って、ついに揉乾機（粗揉機）が完成する。時に、謙三六十六歳の齢を重ねていた。

機械はさっそく前年設立されたばかりの西ヶ原製茶試験所に運びこまれ、秋芽を使って手揉みとの公開比較試験をすることになった。企画したのは前述の大林で、機械の相手となる手揉み教師には、同所で手揉みの指導にあたっている大石音蔵（静岡県安倍郡久能村／現静岡市）が指名された。音蔵は当時、自他ともにゆるす日本一の茶師だった。

技師の大林にも、この公開試験にかける強い思いがあった。もし、こんどの機械が手揉みに勝てば、茶業の将来はとても明るいものになり、これまで機械製茶を頭から否定してきた頑迷な守旧派を覚醒させることができる——。それが大林の狙いだった。だからこそ、大林の立場からしても、謙三には最高のパフォーマンスを披露してもらう必要があった。謙三もその点は重々承知していた。

結局、公開試験は五日間にわたって行われ、機械の完勝に終わった。謙三一家や定吉、また大林をはじめとする試験場のスタッフの歓喜が目に見えるようだが、意外にもこの結果にもっとも感服し、謙三の前にひれ伏したのは音蔵本人だった。それまで機械製を侮《あなど》っていた音蔵は、その品質の余りのよさに驚き、たちまち機械の賛美者に変身したのである。そればかりか、音蔵は自分が太刀打ちして負けた機械の譲渡を謙三に執拗に求め、ついにはその熱意がみのって譲られている。

公開試験から間もない十月には、西ヶ原試験所へおさめる第一号の注文が入った。翌年二月に据えつけた際、大林から機械の運転がひとりで済むような人動機への改良の必要性を指摘される。この要請には歯車を組み合わせる手法で対応し、四月四日に至って、最終型の茶葉揉乾機として特許の出願をする。だが、八月になって、この出願は新規な点がないという理由で、却下される。驚いた謙三は、前農商務省次官・前田正名の協力を得て再審査を願い出ると、十一月に再審査官の石原卯八が西ヶ原製茶試験所に来所、その折茶葉揉乾機の名称を茶葉粗揉機と改めるよう指導される。

その結果、年末の十二月二十二日、提出した再審査願いに対して、特許第三三〇一号を下付する通知が届く。さっそく謙三は自宅に居合わせた山下伊太郎とともに特許局に出向き、特許料を納めると、同二十九日には特許第三三〇一号の専売特許証を受領することができた。ここに謙三の偉業は達せられたのである。当時、謙三以外にも製茶機械の開発に成功した例はあったが、〝高林式〟は性能面で群を抜いていた。謙三が「近代製茶の祖」と呼ばれる由縁である。はじめて一家で正月らしい正月を迎えた謙三のもとには、年が明けるや否や、次々に粗揉機の注文が舞い込んできた。

ところで、ここに出てきた山下伊太郎とは、いったい何者か。山下は静岡県小笠郡南山《なんざん》村（現菊川市）の出身で、当時、小笠郡茶業組合教師検査職を任じていたといい、明治三十年九月に西ヶ原試験所で公開比較試験があった際、その場に居合わせて、謙三の機械が勝利するのを目撃する。すると、山下はその日のうちに東京を発ち、ふる里にもどると、村の共同販売組合南山社の社長である松下幸作の家に直行し、謙三の粗揉機をほめそやして、即購入するよう強くすすめた。

これ以降、山下は謙三の家へしばしば出入りして、開発の進捗状況を見守った。特許の出願が却下された翌年の八月には、謙三をたずねた山下は茶葉粗揉機を注文、百五十円をポンと差し出している。すでに、機械の製造や販売をめぐる激しいバトルがはじまっていたのである。八月下旬に山下のあとを追うようにやってきた松下は、ついに謙三と茶葉粗揉機の販売特約を結ぶことに成功する。松下が山下の知り合いであったこと、さらには松下の尋常ならぬ熱意に謙三が根負けしたとも伝えられている。

謙三はもとより、営利的な面にはまったく関心がなかった。粗揉機の注文が殺到するようになって、はじめてその生産のための工場をもつ必要性を感じ、資本の入用に気づいたくらいだった。謙三が最初に抱いた大志は、機械によって日本茶業の危機を救い、増産報国に尽くすことであり、発明に伴う私的な権利により利益を得ようなどという魂胆は、はじめからなかった。発明の成就により、謙三の夢、また目的はとうに達せられていたのである。

そこに、明治という時代の風潮と、明治人のピュアな気質を見るのは、ひとり筆者だけだろうか。

菊川公園（菊川市）の一角に
建つ松下幸作の顕彰碑

故吉林謙三翁之墓
墓誌

六章

『菱凋香の復活は、今からでも遅くない』

JR菊川駅（静岡県菊川市）の北側丘陵の
報恩寺墓地に建つ謙三の立派な墓碑

ついに実現した顕彰会の発足と銅像の完成

松下との販売特約にしたがって、謙三は注文分の粗揉機を製造しては、静岡に発送していた。ほどなくして、松下から機械の販売先の六～七割が静岡であり、多額の運賃がかかる実情の説明があった。「仮に静岡で製造すれば、運賃が不用になるばかりか、製造費も東京より安くおさえられる。いっそ静岡で製造してはどうか」という提案だった。協議の結果、特許権を有する粗揉機第十四号から松下に機械製造を委任することになり、三十二年二月一日、こんどは機械製作に関する特約が結ばれた。

この契約と同時に、松下は小笠郡掛川町西町（現掛川市）に松下工場を設立。地元の農鍛冶・木村伊治郎を中心に機械製造がはじまると、謙三は機械製造の相談にのったり、完成品に焼印を押すために、しばしば定吉を伴って掛川工場へ出かけた。四月に掛川に出向いた際、謙三は夜の会食中に突然倒れる。脳溢血だった。医者の指示にしたがい、しばらく安静を保った上で、東京から家族を呼び寄せることになった。

九月には濱子と秀子が掛川に移り住み、手厚い看護を続けたが、謙三の病状はなかなか快方に向かわなかった。松下工場では、謙三の体調がもどらないのは掛川の水のせいではないかと考え、工場を掛川から菊川駅前の堀之内（現菊川市）に移転するとともに、新工場の敷地内に謙三のための住宅を新築した。菊川に移ってからは健康も回復し、工場の周りを楽しげに散歩したり、製造の相談相手になったりと、屈託のない時間をすごす謙三の姿が従業員の目にとまるようになった。
そこで、明治三十三年の七月、弟衡平の世話で、郷里埼玉県入間郡川南村（現坂戸市か？）の根岸太右衛門の二男、養蚕教師由松を長女秀子の養子に迎えた。だが、安らかな日々は長くは続かなかった。翌三十四年四月一日の早暁、謙三の容態は急変し、呆気なく帰らぬ人となってしまう。享年七十歳、文字どおり波瀾万丈の生涯が閉じられる。苦労をともにした妻の濱子も、翌年二月に謙三のあとを追うようにして没し、ともに川越の喜多院の墓地に葬られた。

と、ここまで謙三の事績を駆け足で追ってきたが、読者諸兄はどこまで正確に謙三の実像を理解していただけたろうか。また、茶業界に身をおくあなたは、謙三が機械製茶誕生に果たした役

上：菊川市の報恩寺墓地に建つ謙三の墓碑
下：墓碑に刻まれた施主松下幸作の名前

上：川越喜多院の堂々とした本坊
下右：喜多院閻魔堂墓地にある高林家の墓
下左：墓石に刻まれた謙三と濱子の名前

割の大きさを、どこまで客観的に認識していただけたろうか。今、試しに最新のＦＡ機の粗揉機内部をのぞいてみてほしい。基本的な揉み手と浚い手の組み合わせ、さらには揉み底の竹張り（竹だく）といった仕様は、材質の変更はあっても、百二十年前の高林式粗揉機の構造と何ら変わるところがない。謙三と定吉が苦心惨憺編み出した原理は、現在もそのまま生きているのである。

謙三の粗揉機完成に目途がつきかけていたころ、地元狭山茶業界は謙三の研究・開発を支持するどころか、機械製茶は茶の品質を低下させ、手揉み製茶を本領とする狭山茶の評判を落としかねないとして、機械製茶の排斥・不買運動までおきていた。当然のことながら、こうした動きは謙三の仕事に直接的・間接的に影響を与え、結果として謙三は静岡県菊川町（松下工場）へ拠点を移さざるを得なかったのである。想像するに、敬一郎さんが釈然としないのは、当時の狭山茶業界がなぜもっと機械製茶の時代到来をしっかり予測し、郷土出身の先駆者たる謙三をサポートできなかったのか、という点であろう。

狭山茶業界が製茶機械を解禁したのは、ようやく大正十年になってからであり、敬一郎さんでなくても、その間の数字に表われない損失の大きさに思い及ぶのである。しかし、禁止措置の間にも、着実に機械製茶の萌芽は見えはじめていた。それをリードしたのは、扇町屋《おうぎまちや》（現入間市）の粕谷義三や藤沢村（同入間市）の石田弥一らである。弥一はすでに大正五年ごろには機械製茶に先鞭をつけていたらしい。業界の反省の上に立って、機械化の遅れをとりもどすべく、官民一体となって県立茶業研究所を豊岡（入間市）に設立したのは、昭和四年のことである。

太田義十の業績とからめ、茶業研究所が担った役割に関してはこのあとふれるとして、松下工場のその後について若干補足しておきたい。謙三が没したあと、養子の由松が仕事を引き継ぎ、定吉と協力して粗揉機製作の監督や機械の改良にあたった。由松も謙三に劣らぬ優秀な技術者だったとみえ、このあと大正初年にかけ、粗揉機改良に関連する特許をいくつも取得している。特に、明治四十三年に静岡県茶業連合会議所が粗揉機の直接火炉吹き込みの使用を禁じた際、各メーカーが大いに狼狽した中で、由松たちはこれに代わる熱風装置を大正元年に考案し、見事特許に結びつけている。

時代は少しもどるが、明治三十二年の秋に松下工場が掛川から菊川に移転となり、粗揉機の生産が本格化する機会に、謙三は定吉と報酬分与の契約を結んでいる。それは、明治二十六年以来謙三と同居し、機械の考案・工作に励み、松下幸作との機械販売・製造に関する特約を結ぶなど、献身的に謙三を支えた労に報いるため、特許料の一割が定吉に給与されるという内容だった。同年の秋に謙三一家が菊川の新居に移るのに伴い、定吉は高林家より分居している。そうして、謙三没後の三十五年二月、地元の有力者（石油商の内山兵重）の世話で、磐田郡中泉村（現磐田市）の乾物商の長女・すず子（三十三歳）を後妻として迎え、三十七年には次女・のぶを授かっている。

すず子は最初の婚家（周智郡犬居村の小澤家）で長女・かずを産み、夫を亡くしたため実家にもどっていたところで、定吉との婚姻がまとまったのだった。しかし、三十九年に小澤家にもどる話がまとまり、定吉と協議の上、のぶを残して離婚している。定吉は大正二年の秋、松下工場と高林家に別れを告げ、埼玉の桶川町（現桶川市）に帰郷し、生家に仮住まいしたのち、同じ町内に宅地を求めて自宅を建てた。帰郷に際してはのぶが付き添い、定吉が大正十年に没するまで、手厚く身の回りの世話をしたという。

一方、由松は大正六年の秋に妻秀子に先立たれ（享年四十三歳）、自身も同十三年に松下工場をやめて菊川を去り、郷里埼玉にもどっている。その後、昭和三十五年に八十八歳で他界するまで長寿を保ち、その亡骸は父母と妻秀子が眠る川越・喜多院の閻魔堂墓地に葬られた。ここに謙三ゆかりの人間はすべて埼玉に引き揚げたわけだが、彼らの足跡は静岡の地に見事に根づき、その後の日本の茶業界を牽引する原動力となった。

森薗の著書の中に、本文の締め括りとして、元静岡県茶手揉保存会の顧問で、県無形文化財保持者であった牧野富蔵（故人）の貴重なインタビューがのっている。牧野は静岡市産女《うぶめ》の出身で、明治四十二年十四歳のときから川上流《こかみ》（毅さんと同じ）の手揉みを習い、大正三年十八歳で手揉準教師の免許を、翌四年には正教師の認定を受けている。一方で、十七歳のころからやぶきた生みの親・杉山彦三郎の家に出入りし、仕事を手伝っていたらしい。兵役を解かれた戦後には、家の茶業をみながら安倍郡茶業組合や、茶業組合連合会議所に技術指導員として勤務するなど、七十五年の長きにわたり茶業ひと筋に生きた、いわば茶業の生き字引であった。

前に、毅さんが国立茶試で川上流の手揉みを習ったことは書いた。恩師が島田市出身の萩原豊さんであったことにもふれたが、その恩師の師匠がここに出てきた牧野というわけだ。牧野は森薗のインタビューに応じて、謙三と〝高林式〟の思い出を、次のように回想している。

高林さんの粗揉機は初めの頃は強く揉み過ぎ、みる芽は玉を造ったり、内容も充分とは言えなかったが、次第にいろいろ改良されて、後に各種の粗揉機が出来たが、高林式が一番良く揉みましたね。自分が揉んでみて。

高林さんは、静岡で早くから機械の発明改良に従事していた臼井さん(精揉機を発明した臼井喜一郎＝筆者注)や、品種改良の杉山さん(彦三郎)、ヘリヤ商会等にも良く見えたとか、臼井さんは粗揉機は高林さんがやっておられるから、自分は精揉機に専念すると言っておられたと聞きました。(傍点筆者)

謙三の東京移住と、研究の躍進のキッカケをつくったのが農務局の多田元吉や大林雄也らであったことは前に書いたが、謙三が同時代のもうひとりの英雄、彦三郎とも懇意にしていたとは、何ともステキなエピソードではないか。単に親しくしていただけでなく、彦三郎は明治三十四年に高林式粗揉機を導入し、静岡市谷田に水力利用の製茶工場を建てている(『日本茶業発達史』大石貞男著)。三十四年は謙三永眠の年であり、期せずして旅立つ謙三への餞《はなむけ》になったことだろう。

牧野の回想は最後に、以下のような冷静な結論を導き出している。

製茶機械の発明改良は明治の末から、大正の初めにかけ盛んに行われ、大いに進歩しましたが、そのきっかけになったのは、何といっても、高林さんの粗揉機でしょう。粗揉機が出来て精揉機も必要だということで、臼井さん達が一生懸命になって改良を加え完成したのですから、高林さんの粗揉機がなかったら茶業の発展はまだまだ遅れていたでしょう。とにかく機械で揉まなければ手揉みだけではアメリカの需要に応えられなかったのですからね。

今日の茶業の発展は杉山さんの品種改良の力もありますが、高林さんの製茶機械の発明に負う処が極めて大きいですよ。幕末に政府がやらした牧ノ原茶園開拓も、機械製茶がなかったら成功していなかった筈です。

高林さんの功績は実に大きいと思いますよ。最も恩恵を受けている静岡県は勿論だが、国が大いに顕彰すべきですよ。（傍点筆者）

餞ということでは、この牧野の謙三評ほどふさわしいものはないはずだ。牧野が言うとおり、高林の粗揉機があの時点（明治三十一年）で完成していなかったら、間違いなく日本茶業の発展は相当遅れていたことだろう。だが、私が残念に思うのは、その後の製茶機械の発展史をたどるとき、すでにFA機にまでたどり着いたとはいえ、けして理想に近い製茶機が実現していない点である。そのラインには肝心な萎凋機は組み込まれておらず、また深蒸しの流行もあって、蒸し機や粗揉機はむしろ機能的に退化しているのではないだろうか。

機械オンチの遠吠えと思っていただいて構わないが、だがこうした批判・不満を私は取材の現場で常に聞かされている。消費者がお茶の本質を理解しはじめた今、機械メーカーや業界は、こうした現場の声と謙虚に向き合う必要があるのではないか。このあと、そうした声の一部を紹介できるはずだ。

牧野の最後の言葉も、じつに重く筆者の心にのしかかってきたが、静岡県や国はこれまで謙三の功績に報いる顕彰を十分にしてきただろうか。顕彰とは、単に石碑を建てれば済むという性質のものではなく、いかに先人の遺志と思いを今に生きる人間に伝えられるかが、大事だと思う。その功績をただ知らせ、表彰するだけでなく、遺志をしっかり継いでこそ本来の顕彰というべきだろう。あらぬ方向にきてしまった機械開発を、もう一度あるべき方向にもどしてこそ、謙三の魂に報いることになるはずだ。

森薗も著書のあとがきの中に、こう記している。

静岡茶業会議所は品種やぶきた産みの親杉山彦三郎翁顕彰祭を毎年八十八夜の日に実施、品種茶普及功労者の表彰を行っている。これらと同様製茶機械発明の元祖高林謙三翁の遺徳をしのんで、顕彰祭が実施されることを願っている。

顕彰祭はいまだ実現してはいないが、昭和二十八年には茶産地十九都府県の賛助により、川越の喜多院境内に高林謙三頌徳碑が建立されている。さらに、平成十九年には日高市のロータリークラブが中心になって、「高林謙三翁を顕彰する会」が発足。初代会長には敬一郎さんの父君である勇三さんが就き、その勇三さんが亡くなった今、敬一郎さんは会の事務局員をつとめる。特筆すべきは、平成二十五年に謙三の出身地である日高市の生涯学習センターの敷地内に、謙三の銅像を完成させたことだろう。

「勇三さんとは、ロータリー（クラブ）を通じて出遭いました。『いまだ謙三の顕彰は十分にな

右：喜多院の境内に建つ謙三の頌徳碑
左上：日高市の生涯学習センター入口に
顕彰会が建てた謙三の銅像
左下：銅像の下部裏手に付属する説明板

されていない』というのが勇三さんの口癖でした。先代の遺志をついで、謙三の銅像建設の募金をはじめたところ、最終的に一千万集まりまして……。改めて謙三の偉勲の重みを知りました」

顕彰する会の二代目会長、石井幸良さんの話だ。自身、地元日高に生まれ、渋い在来のお茶で育った幸良さんだが、勇三さんに勧められてロータリークラブに入るまでは、謙三の実像はおぼろ気ていどにしか知らなかったらしい。仲間と謙三の足跡をたどるうちに、その功績と遺徳の大きさに驚嘆したという。今、生涯学習センターの前庭に建つ銅像は、静岡市の駿府城公園内に建つ杉山彦三郎の胸像と比べても、けしてヒケをとらない立派なもの。謙三はついに生まれ故郷に錦を飾ったのである。

戦前にすでに顕在化していた末期的症状

さて、狭山の機械製茶の遅れをとりもどすべく、昭和四年（一九二九）に県立茶業研究所が設立されたことは、すでに述べた。この年はまさに世界恐慌がはじまった節目の年であり、翌年には統帥権干犯《かんぱん》問題がおこり、さらにその翌年には満州事変勃発と、軍国化を急ぐ世相には不穏な空気が渦巻いていた。だが、茶業界にあっては、前述の大林雄也や杉山彦三郎に育種学（京大教授）の竹崎嘉徳が加わり、輸出不振は目を覆うばかりだったが、何とかこの茶業受難を打開しようと、国（農林省）も方策を考えていた。その結果が、昭和十年度からはじまった新製茶指定試験と銘打った試験研究と、竹崎の指導により奈良・静岡・宮崎・埼玉・鹿児島に指定原種圃を設けて優良品種の苗をつくり、各県へ配布するという試みだった。

前者の新製茶指定試験の実験地としては京都と埼玉の茶業研究所が選ばれ、全額国庫負担のもとに、試験研究が委託された。このとき埼玉の茶研で研究担当の主任技師に任命されたのが、戦後の狭山茶業の方向づけをしたといっても過言でない太田義十《ぎじゅう》だった。狭山に残した太田の足跡はこのあとじっくりたどるとして、先にその略歴を紹介しておく。太田は明治三十年、静岡県志太郡和田村（現焼津市）に生誕。大正三年三月に県立藤枝農学校（現藤枝北高）を卒業するとともに、四月には静岡県立農事試験場茶業部（現茶業研究センター）の助手に着任する。つまり、太田は筆者と同郷の静岡の出身であったのだ。

大正九年に熊本県農業技手（茶業係）となり、同十四年には同県農事試験場の技手（茶担当）を拝命。その二年後（昭和二年）に茨城県農林技手（茶業係）として転出し、同四年には同県茶業組合聯合会議所の理事を兼務。そうして、同八年に隣の埼玉県農林技手（茶業主任）になると、その二年後に最終的に茶業研究所技師に任ぜられたところで、件の〝新製茶〟の試験研究に遭遇するのである。ここまでの経歴からも、太田が農学校卒業以来、一貫して茶業畑を歩いてきたことが分かろう。ちなみに、太田は同十七年には茶業研究所所長となり、同三十五年の退職まで、十八年にわたり所長職をつとめている。まさに人生の充実期を狭山茶とともに歩いた、茶業の生き証人であったのである。

新製茶にもどる。埼玉における太田の最初の仕事といってもいいこの試験研究で、早くも太田は有能な技術者の片鱗をみせている。

このとき太田が着手した研究について、『狭山茶五十年のあゆみ』（以下『あゆみ』）の中で、みずから解説している。その内容は、現時点の研究レベルと比較しても、けして見劣りしないものだ。研究テーマは四項目あり、順に「高級番茶・硬化葉」「肥料の葉面散布」「生葉の凍結処理」「新鮮香と萎凋香」と並べただけでも、いかに太田がお茶に対する広範な興味と関心を抱いていたかが、容易に理解できよう。戦時体制による物資の不足が窮まった時代に、太田がこうした豊かな発想をもち得たことじたい、奇跡と思えてならない。

最初の「高級番茶」の項は、肥培の管理のよい茶園の茶芽を徒長させ、尖芽をハサミで摘み、芽茶の原料としたあとに残部を硬化するまで放置し、〝二段摘み（刈り）〟として高級番茶の製造をはかるという提案だ。同様のアイディアは筆者の茶の師である相馬耕一さん（静岡県吉田町在住）からも聞かされていたが、相馬さんの場合、「下刈り分はがぶ飲みウーロン茶にしても面白い」と、より自由に発想している。時代相は違っても、二段刈りの着想は連綿と生きているのである。

紙幅の関係で、次の二項については細かくふれる余裕はないが、私の目が釘づけとなったのは最後の「新鮮香と萎凋香」。拙著を読みついで下さっている読者諸兄は先刻承知されていることだが、私は日本茶を取材テーマに選んで以来、一貫して萎凋の復活・復権を訴えてきた。製茶工程から萎凋を省いた現在のやり方（製造）では、日本茶まがいのものはつくれても、本物の日本茶はけして生まれないことを書いてきた。だから、太田の著書の中にこの表現（新鮮香と萎凋香）を見つけたときには、内容を読む前からすでに、何やらエキサイトしてしまったのである。

太田はこの項で、こんなことを言っている。少し長くなるが、とても重要なコメントなので、目を見開いて読んでいただきたい。

大正から戦前にかけて日本緑茶はすがすがしい新鮮香をもって最高とし、即日香では物足りない、即時香であるなどと唱えて珍重された。茶葉は茶園から蒸し場へをモットーとしたほどである。

〈中略〉

新鮮香は確かに魅力があった。この観点から萎凋香は極端にきらわれ、その伝統は今もなお石頭の技術者に受け継がれ、濃厚味を失う源となっている。

反骨精神というか筆者はこの萎凋香に興味を持ち実験を重ねた。当時台湾に在職中の盟友藁科正忠君に依頼してすぐれたウーロン茶を取り寄せ検討した。このサンプルが十年くらいを経過してもなお芳香を放つのには驚いた。さらに藁科君は自ら理想の茶を製造して送ってくれたが、特殊な萎凋香を含むものであった。微かな萎凋香の良さは既に明治時代から研究され、品評会出品茶に応用されていたが、おおむね非公開で一種の秘法として伝えられた感がある。萎凋香というには抵抗を覚える程の芳香味を持たせる操作は微妙であるとはいえ、これを実用化すれば昨今の青いだけで香味が薄いという批判に答えられるであろう。彼の試験研究で即時蒸しよりも生葉の水分減五％くらいのものがすぐれ、一三％減となればいわゆる萎凋の芳香を発して濃厚味を加えるに至ることが判明した。

（傍点筆者）

昭和十年当時、ここまで萎凋の意味を理解できる研究者がいたのである。一方、そのころすでに〝新鮮香〟がもてはやされ、萎凋香は極端にきらわれていたという証言には、別の意味で驚かされる。同時に、「昨今の青いだけの香味が薄い（お茶）」という言い方からは、現在の日本茶が抱えるのとまったく同じ問題が、当時の業界（社会）でも表面化していたことが、よくわかろう。有馬利治や小川八重子、はたまた波多野公介が嘆いた日本茶の末期的症状は、何も戦後に醸成された時代相というのではなく、すでに戦前の早い時期に顕在化していたのである。

　戦中の昭和十七年十二月には、太田は埼玉県茶業研究所所長を拝命する。戦時下であっても、茶研のスタッフの向上心・向学心が萎《な》えることはなかった。だが、統制経済のもとで燃料が配給制となると、試験研究機関である茶研では、燃料の効率化が緊急の研究課題として浮上してくる。当時の製茶用のエネルギーは石炭を主体とし、平地林の多い狭山では薪炭への依存度も高かった。このころの間接熱風炉は熱量の三割ぐらいが有効で、あとの七割は散逸していた。この不合理の是正、合理化が必須であった。

　そこで、太田が燃料節約のために考え出したのが、直火熱風蒸製茶法だった。高林式もふくめ、明治時代の初期の製茶機械用火炉は直火式で、これがしばしば不完全燃焼に起因する事故をおこしたため、明治四十三年以来、直火炉は製造禁止になっていた。非常事態の戦時下では、そんなことも言っていられなかった。太田は薪を完全燃焼させれば煙も出ず、有毒ガス発生の恐れもないとふみ、直火式をとることで燃料半減を目指したのである。この製法は蒸し機を廃して粗揉機に茶生葉を直接投入し、そこに強力な高温の直火熱風を送って蒸し葉と粗揉操作を同時に行なうというものだった。

結果として、この装置は燃料の節約と製造時間の短縮には大いに役立ったが、古い粗揉機に直火炉を付設するという応急の措置であり、時節柄、専用の機械を考案する資材も、余裕もなかった。設備も整わず、技術を磨く暇もなかったのである。したがって、高級茶の生産は望むべくもなかったが、普通煎茶の製造にはしっかり対応できたという。昭和十九年八月十八日には、「有煙燃料を用うる直火熱風製茶法」として特許（第一六六五八三号）も得、川越の業者が築炉普及にあたったところ、戦時下にもかかわらず需要に応じきれなかったらしい。

この話で思い出すのは、戦後、静岡茶試の有馬利治が試みた熱風処理製茶法である。拙著（『印雑一三一』）にも書いたように、有馬の（製茶機械に関する）業績は同三十一年に試作した〝一連式〟に集約されがちだが、じつはその前、つまり二十年代には早くもさまざまなタイプの製茶機械の試作・実験にとり組んでいた。とりわけ、熱風処理にこだわった有馬は、実験の成果として、昭和三十年ごろには蒸熱を通さず直接生葉を高熱熱風で炒葉するシステムの実用化に成功している。

この炒葉機で製造される内質本位のお茶は消費者の受け（評判）もよかったが、肥培の効いた太い芽葉では多少茎に赤みが残り、処理機も幼稚であったために機械の補給もままならず、本格的な普及には至らなかった。だが、これ（熱風処理）が元になって次のステージの熱風蒸製茶が誕生したわけで、その意味で熱風処理機が果たした役割はけして小さくはなかったのである。昭和四十年ごろに一連式（流動式）とセットで熱風処理機がアキツ製作所から売り出されると、一時的に評判となり、一定の普及はみたらしい。だが、お茶の市場はすでに形状優先の時代に入っており、内質（香味）本位のお茶がアドバンテージをとれる道理はなかった。

私が言いたかったのは、優秀で天才的な技術者・研究者が考えることは共通していて、時代背景は異なっていても、太田と有馬のふたりが一時的にせよ〝熱風処理〟の研究に身を投じたという事実の重さなのである。のちに、太田はこの戦時のときの体験を振りかえって、『あゆみ』の中で次のように回想している。けだし、名言である。


かつて我々は戦時非常事態の際、熱風蒸しを実施してその可能性を知った。現在では資材は豊富、工学は飛躍的発展を遂げている。これ等を検討応用すれば、蒸し操作と粗揉を同一機械で行なうことも可能となり、また精揉機、乾燥機を廃止し、中揉機の構造に考案を加え玉緑茶型仕上げとし、温度の調節等によって乾燥までの遂行も不可能ではない。このような構想が浮かぶ。

現今消費市場に出回る茶のよう《ママ》形態無視で差し支えないとすれば、玉緑型の方が消費者に取っては好都合のように筆者の体験は教えている。更に蒸気蒸しとは異なった香味の茶生産に繋がるであろう。相撲は取って見ねば判らないと元横綱北の海は名言を吐いた。これに倣って茶は製造して見ねば判らないともいえる。かく製茶機械の簡略化による生産費の節減は、消費者の要望する格安茶の供給に答え、需要の増進へ向かうと考えられる。

（傍点筆者）


まさに太田は、有馬が熱風処理を発想をする十年前に、すでに香味本位のお茶の生産につながる熱風蒸しを着想していたのである。だが、太田のアイディアの真価は、こうした香味本位のお茶を生む製造ラインの簡略化が、生産費の節減や消費者が望む格安茶の供給につながる、としている点にある。製茶機械メーカーにすすめられるままに最新のFA機を導入したところで、いいお茶ができる保証はどこにもない。機械まかせの横並びで、無個性な特徴のないお茶が量産されるだけだ。

リーフの消費が氷河期に入った今、業界は今一度、この太田の助言に真剣に向き合う必要はないのだろうか。格安のお茶であろうと、賢い消費者はもう〝名無しの権兵衛〟と後ろ指をさされるようなお茶には手を出さない。お茶が嗜好品である限り、飲み手がそこで選り好みをするのは当然のことである。この五十年、業界は消費者の眼前に、彼らの選り好みにこたえられる多様で、十分に個性的なお茶を提供できていただろうか。

答えは、はっきりとノーである。「深蒸しのヤブキタさえ与えておけば、消費者は黙ってついてくるから、チョロいもんよ」と、高をくくっていたのが、日本の半世紀の茶業ではなかったか。大陸全土に文字どおり百花繚乱のごとく多彩なお茶がひしめく中国と比べるとき、この国のじつに貧相で、工夫（研究心）のない茶状況に慄然とするのである。研究機関の怠慢は言うに及ばず、流通や生産サイドの責任も小さくないはずだ。この問題については、あとでまた改めて議論の俎上にのぼしたい。

さやまみどり命名の裏にドラマあり

さて、太田に関わる戦時中のエピソードの中に、ぜひもう一話、紹介したいものがある。前述した新製茶指定試験の一環として、太田らは冬抹茶の実用化にも取り組んでいた。その背景に、戦時の物資不足、なかんずく野菜類の減産によるビタミン類の欠乏があったことは、言うまでもない。特に、畑の少ない都民のビタミン不足は深刻だった。昭和二十年一月十八日、関係者の協議会がもたれ、生葉調達の目途が立つとともに、武見太郎（故人／元日本医師会会長）の斡旋で販売は富士アイスが引き受けることになった。

残る問題は、茶葉をどう粉末にするか、だった。石臼では抹茶の大量生産には追いつかない。そこでボールミル、トロンミルの利用が検討され、最終的にトロンミルが選ばれた。過去に京都茶研で抹茶操作についての研究がされたことから、太田は茶研の丸尾所長に連絡をとり、京都・山科に中古のトロンミルがあることを教えられ、急きょ現地で購入する。それは二トンもある石造品で、輸送や据えつけに大苦労したものらしい。ここに出てきた丸尾所長とは、大正十一年にインドからマリプリ種（印雑一三一の片親）を日本にもたらした丸尾文雄（台湾で客死）の弟の鈷六で、彼も兄と同様、生涯お茶の研究職を全うした人物。

さて、冬抹茶の事業計画もたち、太田らはわずかな人手を督励して、抹茶の製造にはげんだ。所期の生産量に達すると、早々に貨車に積みこんで都民のもとへ送り出す。ホッとしたのも束の間、貨車が中野駅に到着するのを見越したかのような大空襲に遭遇、大苦労して製造した冬抹茶は一発の爆弾で吹き飛んでしまった。富士アイスの損害は二十五万円だったそうで、現在の貨幣価値になおすと、億を下らない計算になるらしい。〝百日の説法、屁一つ〟で済ますには、余りにも惨めな結末だった。

ここで、冬抹茶の販売を担当した富士アイスとの間をとりもった武見太郎について、ふれておく必要があろう。武見が医師会の大立者であったことは、年輩者なら誰もが知るところだが、そんな人物と埼玉茶研がどうして付き合いをもったのか。それには、当時農林省の茶業主任で、埼玉茶研の後ろ楯になっていた久木元猛の存在が大きい。若い学究として慶応大学病院とその付属の食養研究所に勤務していた武見は、農林省職員の健康管理も担当して、そこで茶業主任の久木に出遭う。太田はその久木から武見を紹介されたのだった。

武見は医学の立場から茶の成分について関心をもっていて、新製茶試験でも茶の薬効調査がテーマのひとつとなっていた。そんなことから往来がはじまり、ときには武見は食養研究所の女生徒たちを引率して茶研見学にきたこともあったらしい。昭和十九年には、武見は山本亮（元台北大学教授）や犬飼文人（元明治大学農学部教授）らとともに埼玉茶研の嘱託（顧問）を引き受け、表向きの指導にも携わった。太田と武見の親交は戦後、太田が同三十五年に茶研を退職したあとも保たれ、武見が五十八年に逝去するまで続いたものと思われる。

戦後の時代を迎えると、太田の試験・研究活動はいっそう加速し、また所長としての業界での発言力もましてゆく。一方で、茶業研究所から農業試験場茶業支場への格下げを経験し（昭和二十五年）、同二十九年にはふたたび研究所に復帰を果たすといった、占領政策によるとばっちりも受けた。紙幅の関係で、太田が戦後に関わった活動のすべてを紹介することはできないが、主だったものをいくつか取り上げてみたい。

日本茶業技術協会（平26に日本茶業学会に名称変更）は現在五百名余りの個人会員（ほかに団体会員と個人の学生会員がいる）を擁する茶の技術畑の代表的組織だが、太田はこの会の創立に深く関わっている。戦後復興が遅々として進まない昭和二十二年の早春、久木元猛がひょっこり茶研に現れた。久木は太田に武見を紹介した農商務省の役人で、戦前の昭和十五年には理事官を最後に退官し、戦後は全国農業会に属し、のちには日本茶業会に籍をおき、全国茶品評会（全品）の創設にあたった人物だ。

久木の用件とは、「目下、わが国には活力を保つ茶業団体を欠くので、この際全国の茶業技術者の結束をはかるため技術協会を結成し、茶業復興の魁《さきがけ》としようではないか」という呼び掛けだった。太田に異議のあるはずはなく、即賛同し、協力を約した。その当時、東京には協議を開く会場がなかったため、久木、太田をはじめとする創立メンバーは茶研に集まって構想を練ったという。最終の詰めは八月十三日に行われ、会の名称が全国茶業技術協会と決まった。会としては〝日本〟を名乗りたかったらしいが、占領下という特殊事情がそれを許さなかった。

かくて、同年秋に静岡市で第一回全国製茶品評会が開催されるに際し、技術協会は創立総会を開き、百余名の参会者を得て、滞りなく議事を終了した。協会の副会長に久木が選出され、会長には近く（国立）茶業試験場長の辞令が下りるはずの加藤博が推挙され、その後加藤は初代会長に就任している。このときの議事で、試験研究の発表は総会開催と同時に行うことが確認された。また、二十六年の総会では太田が茶業功労者表彰規定を提案、満場一致で可決されている。

このとき、太田は善は急げとばかり、緊急動議として副会長久木の表彰を会に諮り、これも難なく可決され、表彰第一号の誕生となった。以来、年々三〜五名ていどの功労者表彰が実施されていて、のちには茶業技術賞の制度が加えられた。太田の発案がなければ、こうした充実した表彰制度が整うことはなかったであろう。ちなみに、全国茶業技術協会はサンフランシスコ講和条約の調印をみた二十六年に、ようやく日本茶業技術協会への改称を実現している。

次のエピソードは、茶の新品種の命名についての裏話。前にふれたとおり、「農林水産省の登録品種」に登録された埼玉茶研育成の品種の数は、この春（平成二十六年）登録されたばかりの「おくはるか」をふくめて、ちょうど十品種を数える。おくはるかとは逆に、埼玉でもっとも早く登録されたのは、昭和二十八年に農林省に新品種の登録制度が制定されたとき、まっ先に記載された「さやまみどり」だった。備前屋の先代、勇三さんがこよなく愛したあの品種である。

埼玉の茶研では、昭和十年前後から茶の新品種の育成に手を染め、在来茶園から百数十個体を選抜し、挿し木繁殖して調査を続け、漸次淘汰して優良と認めるものを残していた。そのうちのひとつに埼玉Ａ一号と命名したものがあり、いざ本格試験に着手したところで戦時下となって、一時研究はストップ。戦後、豊岡試験地、茶業支場へと試験は継承され、二十八年の登録制度開始時に埼玉Ａ一号が候補に挙げられたのだった。

いざ命名の段になり、「こいみどり」「さやまみどり」など、いくつかの案が提示された。こいみどりは茶葉が濃い緑色で、製茶も同様であるその特徴を表現したものだった。折しも、金谷の国立茶試で開かれた各県の場所長協議会の席でも話題となり、「〝こい〟は恋に通じておもしろい」とか、「ちょっと変で紛らわしい」といった意見が出る中で、宮崎茶試の柏木場長は「そのものズバリで、もっともふさわしい」と主張した。

だが、その場は未定として、太田は帰所後いろいろ勘案した結果、こいみどりでは埼玉ではじめて登録する新品種名として、その地方との関連を欠くことに気づく。さやまみどりなら狭山との関係性も一目瞭然で、こちらのほうが無難でもあり、適当であろうと判断したらしい。今回、私はさやまみどり命名の裏にこうしたドラマ（?）があったことをはじめて知り、いっそうこの品種に愛着をおぼえることになってしまった。

萎凋香の検討が茶業の新生面を開くカギ

それはさておき、二十二年から全国製茶品評会がスタートすると、役職柄、太田は審査員として毎年の大会に参加することになる。全品の第二回大会（二十三年）は京都（宇治）で開催された。この年、埼玉県勢は空前絶後の成果をおさめる。出品点数五十一点、そのうち三十三点が入賞、しかも煎茶九点・玉露一点の計十点が一等という抜群の成績だった。しかし、審査員である太田にとっては、別の意味で忘れがたい大会となった。

上位が絞られ、詰めの査定に入ったとき、残った出品茶の中に特殊な芳香のものがあった。そのとき、三重県の池山技師が「これは萎凋香だからいけない」と、言い出した。だが、「萎凋の影響があったとしても、こうしたよい香気は買うべきだ」と議論になり、太田らは萎凋擁護を通してしまった。このときの情況は、『あゆみ』の中で詳しく書き留められている。

（このお茶を製造した）氏名の発表があると、埼玉県柏谷九平君の出品と分かった。帰省後、話の序に製法について質した。「別に得意《（ママ）》なことは施さない。生葉を四回に分けて揉んだが、その四回目は遅れて午後になった。それを選んで出品しただけ」という。その選定は妥当であった。恐らく午後に回ったため、若干の自然萎凋があの芳香を醸し出したものであろう。明治、大正時代にも、出品茶には軽度の萎凋を行なう術があったことは前に述べたことがあるが、たまたまその例に倣《なら》ったようだ。あの微妙な芳香を萎凋香と指摘した池山君の審査力は相当なものだ。大正から昭和にかけて即日香が称賛され、萎凋香を極度に嫌った時代があり、（池山君は）当時訓練したものであろう。

このときは太田らの主張は奇跡的に（？）聞き入れられたが、時代はふたたび逆もどりし、以来今日に至るまで、即日（時）香・新鮮香の前に、萎凋香はかえりみられることはなかった。哀れなのは何も知らない消費者であり、すでに半世紀以上も、彼らは真っ当な日本茶にありつけていないのである。こうした異様（異常？）な茶業界の体質を、太田はこれに続くパラグラフで痛烈に皮肉っている。

茶の審査を多くの人と共にやっていると、面白い。直ぐにこれは若蒸しだとか何々だと断定し、自信満々振りを示す者がある。こんなのは、その言葉だけでその能力が分かって滑稽であり、お里が知れるというものである。香を聞くベテランでも一〇点中三点くらいは判定が狂うとか聞く。茶も同様のことが言えよう。二、三年も経験を積むと理解できたなどと得意になり勝ちだが、これこそ〝口頭禅〟に外ならない。その次に来る厚い壁に気づいていない証拠であろう。

審査員の資質はともかく、萎凋香を完璧に排し、お茶の本質を解さない業界人が密室に集まり、自慰的な会合（品評会）を開く価値は、いったいどこにあるのだろう。それは、手揉みの品評会でも同じことが言えるわけで、消費者不在という意味では両者の根はつながっている。太田が現役の時代には、研究者以外にもまだ本音を堂々と語り、業界の未来を真剣に気遣う憂界の士が少なからずいた。それが今では、保身と事なかれに走る小心者ばかりになってしまった。発展の可能性をみずから捨てたのである。

太田は現役を退いたあとも、萎凋香軽視の流れには馴染めなかっ

右：入間市二本木の住宅地に隣接した茶園
左：入間市新久の龍円寺境内に建つ茶場碑

た。『あゆみ』の別のページで、萎凋香についてこうも語っている。

戦前からの試験研究で、私は萎凋の芳香に魅せられてきた。戦後の全国茶品評会の審査で、静岡茶業界の元老・一言弥太郎さんが、「この香りはいいね。あなたはどう思う?」と一再ならず問いかけられた。それは、いずれも萎凋香の勝れたものであった。

昭和五十八年の春、山本亮博士とお茶の水女子大学の香り研究の大家・山西貞教授を招いて、埼玉茶試を訪れた際、山西先生から「さやまみどりの芳香が忘れられない。今では出来ませんか」と問いかけられた。特殊な芳香は品種と製造の操作（萎凋）から発揚されよう。今からでも遅くない。萎凋香を検討し、魅力ある茶を生産することが、茶業の新生面を開くものであろう。（傍点筆者）

一言弥太郎（故人）は藤枝市の老舗茶店「一言本店」の先々代だが、当時は弥太郎に限らず、静岡市・竹茗堂の西村泰輔社長（故人）や仙台市・喜久水庵の井ヶ田周治さん（故人）など、良識ある茶商たちは誰もが萎凋香の価値を理解していた（拙著『日本茶の「勘所」』四章参照）。ここに出てきた山本亮は、もともと理研で鈴木梅太郎についていたが、やがて静岡県農業試験場で柑橘から拘櫞《くえん》酸を採取する研究に従事。その後、台北大学に移って紅茶の品質向上に取り組み、のちにふたたび理研にもどった。その間、山本は武見と同様、埼玉茶研の嘱託をつとめている。

昭和五十八年といえば、すでに萎凋が死語と化そうとしていた時代であり、そんなときにまだ、萎凋の復活を心から待望する研究者がいたのである。それに対して、「今からでも遅くない」とする太田のひと言が、私には日本茶の行く末を案じる、業界のご意見番の辞世の句（太田は平成六年没）にも聞こえるのだ。太田が結論的に記した「萎凋香を検討し、魅力ある茶を生産することが、茶業の新生面を開くものであろう」のフレーズは、そっくりそのまま現在の茶業界に投げかけたいくらいである。

だが、太田のこうした教えと普及の努力は地元狭山にはしっかり定着し、その精神は今なお受け継がれている。それを知ったとき、私はにわかには信じられず、あり得ないことと驚き、奇跡を目の当たりにする思いだった。じっさい、狭山に通い出してかれこれ一年がたつが、この間にインタビューした生産者や茶商の全員が、ことごとく萎凋の意味と重要性を理解し、現実に茶の製造に萎凋をとり入れていた。

日本茶の取材に取り組んで八年、ついに私は〝正しい〟日本茶の産地に巡り合えたのだ。「日本茶」シリーズの最後を飾るにふさわしい産地に、とうとう私は導かれたのである。拙文の前半は手揉みに入れ込みすぎてしまったが、ここからは本来の機械製茶、狭山に息づく正統の萎凋煎茶の話に入ってゆきたい。まさか、こんな幸せな機会がおとずれようとは、八年前には想像すらできなかった。本物のお茶は過去の語り草でしかなく、産地として萎凋を実践している地域がいまだ存在しているなどと、夢にも思えなかったからだ。奇跡はおきた、のである。

七章　揉みこまない機械と萎凋のマリアージュ

乗用機に夫婦相乗りで作業をする
喜代治さんと祐子さん

評判の問屋と気鋭の仲買との運命的な遭遇

では、どうして狭山に萎凋の伝統が根付いたのか。むろん、太田義十の功績は言うまでもない。そこに、彼の強い信念を理解し、萎凋の効果に正直に反応する感性（感覚）をそなえた生産者や茶商がいたからこそ、萎凋香は狭山に定着できたのである。太田は昭和三十五年末に茶研を退官したあと、翌年一月には狭山茶農協に参事として迎えられ、四十九年の秋に退職するまで、陣頭指導を貫いた。

その間に、直接もしくは間接的に太田の薫陶を受けた狭山の業界人は、数限りない。前述した入間市手揉狭山茶保存会の会長、喜代治さん（市川園）の父敏治さん（故人）も、そうした直系の弟子のひとりだった。

「戦後、戦地から帰還したオヤジはしばらくレンガ職人をやって、そのあと茶研の研修生として義十さんに学び、四十歳のころ茶工場を建てたんです。自他ともに認める義十さんの愛弟子でした」

と、喜代治さん。父の敏治さんはその後、市議会議員、狭山茶農協の組合長などを歴任、『あゆみ』の出版に際しては編集委員のひとりに名を連ねている。

「茶工場は忙しいイメージしかなく、子どものころはいい印象をもてなかった。高校を卒業するとき、オヤジに国立（茶試）に行くことをすすめられ、それで腹が据わった。研修が終わって家にもどると、オヤジは公用でほとんど家に居着かず、お茶はほぼすべてボクが面倒を見ることになった。自分がしたいようにできたという意味では、オヤジの不在はラッキーだったかも……」

敏治さんが経営の主体であったころは、公務の忙しさもあり、茶園の手入れも十分には行き届

上：手揉み用の新芽を摘む喜代治さん
下：市川園の商品（右がトップブランドの「宝香」）

かなかったらしい。ただ、地元では手摘みに熱心で、香りのいいお茶をつくる生産者として知られていた。太田の愛弟子であってみれば、レベルの高いお茶を生むのは、さほどむずかしい作業ではなかったのだろう。この点に関し、貴重なエピソードを聞かせてくれたのは、新久《あらく》（入間市）の仲買、西野勝美さん（西野園）だった。ここで言う仲買は、世間に一般的に流布しているブローカーの意味とは少し違うので、これについてはあとで改めて説明する。勝美さんはこう回想する。

「喜代治クンの父とウチのオヤジ（藤吉さん／故人）は、戦後の同時期に茶研で営農業務（茶園の管理?）を手伝っていました。所長はもちろん義十さんでしたので、ふたりとも直接義十さんから技術指導を受けていたはずです。萎凋の重要さもとくと教えられたことでしょう。そんな縁があって、今私は喜代治クンのお茶を扱わせてもらっているんです」

　補足をすると、西野園は戦後、父藤吉さんの代に近所の本家から分家した家系で、本家が荒茶工場を有していたこともあり、藤吉さんは再製を業とし、かつ近隣のお茶の斡旋にも手を染める。しかし、西野園初代の父は、勝美さんが二十七歳のときに早くも他界し、若い二代目は自力で活路を開くことを余儀なくされた。それでも、問屋の主たちの受けがよかった勝美さんは、そのつど親方たちに可愛がられ、仲買としての頭角をあらわしはじめる。

「なぜか、いつも助けてくれる人が身近にいた。元来欲のない性格で、ソコソコ暮らしてゆければいいと思っていましたから、人を使ってまで商売を拡充する気など、さらさらなかったですね。追っかけもしない。付き合いやすい、私の我がままを聞いてくれる少数の生産者とだけ限定的に取り引きをし、けして間口を広げるつもりはありませんでした」

そんな独特の処世観をもつ勝美さんが、三十代半ばにして、その後の商売の方向性を決定づける運命的な出合いを経験する。相手は備前屋・敬一郎さんの父、勇三さんであった。

「ゴルフ場でバッタリ会長（当時はまだ社長）と遭遇しましてね。〝出合い頭〟というヤツです。ひと言、『ウチにお茶、もってこいよ』と声をかけられて……。それが取り引きがはじまる馴れ初めでした」

それまで、勝美さんの主たる取り引き先は、父親同士が同級生であった小谷田（入間市）の丸山園だった。備前屋は日高市にあって、地元の問屋ではなかったが、勇三さんが〝さやまみどり〟をこよなく愛し、萎凋の重要性を堂々と公言していることも、勝美さんはとうに知っていた。県茶連や茶業協会の重鎮であることも、当然耳に届いていただろう。そこでまず、勝美さんは社長好みのさやまみどりの荒茶を持参し、次に市川園の手摘み茶を届け、駄目押しは根通《ねどお》りで別格の評価をされる志喜《しきじ》地園の萎凋した荒茶をもち込んだ。

このはじめての手合わせで、勝美さんと社長が意気投合したであろうことは、想像にかたくない。特に、志喜地園の萎凋茶は、日ごろ地元の生産家に萎凋香の茶製造を奨励してきた清水社長の立場として、もっともうれしい〝手土産〟であったに違いない。ちなみに、根通りとは、現在県道六十三号線（豊岡街道）が東西に走る金子台地北寄りの街道筋で、ここには狭山茶の生産・製造・販売を支える茶農家や仲買、そして小売り店が軒を連ねている。

志喜地園はそんな根通りの新久地区にある生産農家で、勝美さんの西野園とは二百メートルと離れていない。現当主は間野善雄さんで、先代（父）の正平さん（故人）のとき、狭山の生産地が雪崩を打つように深蒸しに染まるのを横目に、頑として浅蒸しのスタイルを崩すことなく、丁寧な作業から生まれる萎凋香を守り通した。

「父も半年ぐらいは茶研に通って、勉強したと言っていました。世代（昭七年生）からいっても、義十さんが所長を任じていた時代のことであり、父も義十さんから何らかの影響を受けたはずです。勝美さんと付き合いができる前は、父は近隣のいくつかの問屋・仲買と取り引きをしていて、いい匂いのするお茶をつくる茶農家として知られていたようです」

「それが、周りが深蒸し一辺倒になると、親しい問屋もスゴスゴと身を引いていき、しぜんに取り引きがなくなってしまった、と。ボクが生まれるころ（昭和四十五年）の話だと思います。さぞや、苦しい生活を強いられたはずです。ボクが物心つくころには、茶期には勝美さんが工場に日参していて、その後も親子二代、勝美さんにはすっかりお世話になっています」

善雄さんが語る父についての記憶の断片だ。あとからわかったことだが、勝美さんが荒茶の取り引きを備前屋に絞る前、志喜地園のお茶は小谷田の丸山園を経由して、かの有名な新宿の丸山園に送られていた。すでにそのころから、志喜地園、つまり正平さんのつくるお茶は破格のランク付けをされて、珍重された。そうした一頭地を抜くお茶は、ただ漫然と日々をおくる茶業からは生まれない。「お茶に限れば、子どものボクからみても、父は尋常でない情熱を傾けていましたね」という善雄さんのコメントは、一聴に価《あたい》するだろう。

善雄さんはまた、大学を卒業し、家業を継いだあとで、父に関するこんなエピソードを耳にしている。勝美さんを介して備前屋との取り引きがはじまってしばらくたったころ、どちらが先に言い出したのかは不明だが、清水社長と正平さんの双方が直接面会したいということになり、社長が志喜地園にやってくる。茶工場は折しも一茶の繁忙期で、午前中に運び込まれた茶葉が工場の軒下と室内に分けおかれ、それぞれの場所で萎凋作業が進んでいた。軒下ではブルーシートを広げての日干萎凋、片や室内にはトンネル式の送風装置が据えられていて、ファンで強制送風された冷風が、地下のトンネルを通って茶葉の山に下から吹きつけられる仕組みになっている。要は、海外の紅茶工場で使われている巨大な萎凋槽を、何分の一かに縮小して地下に埋め込んだ装置をイメージしてもらえばいいだろう。

この送風装置、昭和四十七年に茶工場を建てかえる際に導入したものらしい。正平さんはそれ以前から日干萎凋は励行していたといい、「(茶葉を)外に出すと、茶葉にいい匂い(香り)がつく」と、日ごろ口癖のように唱えていたという。送風装置は寺田(製作所)製の「茶生葉管理装置」で、狭山に限らず、当時はこの機械を〝生葉管理〟(萎凋の進行を防ぐ)のために導入する茶農家は少なくなかった。想像するに、その後温度調整もできる本格的な生葉コンテナが登場するに及び、この装置は早々に使命を終えたのだろう。

正平さんのスゴいところは、この機械を一般的な生葉管理に使うのではなく、まったく逆に萎凋を促進するための特別な装置として利用した点にある。元来、機械などというものは、カタログ通りに使っていたら、企業(メーカー)の販売戦略の片棒をかつぐだけで、原価償却もままならず、機械貧乏になって首が回らなくなるのがオチだろう。正平さんの場合、市販の機械に正反対の役割を担わせ、巧みに、かつ十二分に使いこなしたのである。

この光景を見た清水社長が驚き、感激したであろうことは、容易に想像がつく。〝お茶の命は萎凋香〟と常々主張している社長にとって、このときの体験は永遠にまぶた（ではなく心）に刻まれたことだろう。同時に、志喜地園を紹介してくれた勝美さんの仲買としての目の確かさ、また力量を改めて認識したに違いない。そうでなければ、今、息子の敬一郎さんが「志喜地園はウチのエース、ここのお茶は備前屋の看板」と言ってはばからない態度の、説明がつかないではないか。

文学部に進む息子を見守った一徹な父

話が脇にそれたが、このはじめての志喜地園訪問の際、清水社長はさらに別の光景を目にし、腰を抜かしたものらしい。これについては、じっさいにこのエピソードを父から聞いた善雄さんに話してもらおう。

「訪問中のどんなタイミングであったか、今となっては知る由もありませんが、ふと社長が父のほうに視線を注いだとき、オヤジはルーペを出してジッと茶葉をのぞき込んでいたそうです。新芽の切り口でも調べていたんでしょうか。これを見た社長はあとで、『（茶業に）熱心な人だとは聞いていたが、噂にたがわぬ研究家だった』と、父の印象を話していたそうです」

興味深いのは、今回の取材中、正平さんの人柄について、生前本人と付き合いのあった人たちは、「頑固で一徹者」「筋をキッチリ通す人」「群れることを嫌う性格」といったような印象を語る人が多かった。だから、私は正平さんが我が強く、融通のきかない人間とばかり思い込んでいた。だが、長男である善雄さんの口からは、父が仕事（茶業）の虫ではあっても、接しにくい人間であったというような話はいっさい出てこない。いったい正平さんの正体は？　それがわかったのは、善雄さんとの雑談の中で、偶然私にひらめくものがあったからだ。

間野家は代々地元で続く農家の家系で、四代ぐらい前にはすでにお茶の栽培に手を染めていたらしい。そう判断できるのは、明治の時代に茶の品評会で入賞したことを記す賞状が残っているからで、そのころに先祖は茶業の可能性を知ったものと、善雄さんは今想像している。ちなみに、品評会への出品は正平さんも継承していたらしい。それはともかく、間野家は三町歩もの圃場を所有するれっきとした茶の専業農家で、善雄さんはそうした家系の跡継ぎとして、昭和四十五年に誕生したのだった。

「だから、暗黙の了解事項として、家を継いで茶業をやることは、子どものころからどこかで意識はしていました。そうであれば、農業高校とか、大学の農学部に進むのが一般的ですが、ボクは大学で文学部を選び、海外文学を専攻しました。でも当時、オヤジはボクの選択にひと言も文句を言いませんでした」

この話を聞いたとき、私は正平さんの人間性が垣間見えた気がした。間違いなく正平さんは、息子には農家の跡継ぎだからこそ異分野の文学を学んでほしい、と願ったはずなのだ。広い教養を身につけた上で茶業を見直せば、きっと役に立つことも出てくるはず、と考えたに違いない。当時、大学進学を志す息子から、文学部に進みたいと打ち明けられたとき、正平さんはガッカリするどころか、むしろ「してやったり」と喜んだのではなかろうか。それは、息子の成長を確信した瞬間でもあったろう。正平さんは一徹な人間ではあっても、同時にとても柔軟な思考ができる茶農家であったのである。

だが、私にはどうしても解せないことが、ひとつある。善雄さんの話の中に、「父も品評会にはよく（お茶を）出品していました」という証言があり、私はコレを聞いたとき、「ホントかな？」と耳を疑ったほどだ。なぜなら、丸山園や備前屋で絶賛されるお茶をつくる人が、その対極ともいえる評価規準で運営される品評会に、なぜみずからの由緒正しいお茶を出品したのか、私には理解できない。

先祖が明治の昔に品評会で入賞した伝統を、正平さんの代で途切れさせたくないと努力したというのなら、わからないでもない。だが、太田が『あゆみ』の中で嘆いているように、この国ではすでに戦前からお茶の本質ともいえる萎凋香が排除され、肥料頼みの旨みと、青濁り（深蒸し）の水色だけが評価される現実がある。そんな理解不能な評価軸で審査される品評会に、正平さんは本当に出品していたのだろうか。最初から落選することは承知の上で、それでも誤った方向を目指す業界にあえて注意を喚起すべく、孤高の闘いを挑んでいたというのか。

これに関しては、息子の善雄さんも厳しい現実を経験している。

「大学を卒業して家に入ると、茶業青年団主催のものや、市の求評会など、さまざまな品評会にお茶の出品を求められる。当時はすでに、狭山も完璧な深蒸し地帯になってしまっていて、ウチがつくるような浅蒸しの、デッカい葉っぱのお茶なんて、ひとりも揉んでいない。それはいいとしても、こうしたお茶にはちっとも点数が入らず、誰も評価してくれない実態を前にして、暗たんたる気分になったことを覚えています」

父から続く孤高の闘いは、今も続いているということだろう。しかし、志喜地園には勝美さんという最高の理解者・指導者がついているだけでなく、そのお茶を「ウチの看板」と評価してくれる問屋（備前屋）が全面的にバックアップする。だから、志喜地園では荒茶の全量を当然のごとく備前屋に回している。ちなみに、先の市川園（喜代治さん）でも、二町余りの茶園で収穫する

在来園の摘採をする善雄さん

茶葉の八割は丁寧に萎凋がけして、備前屋におさめる。残り二割の荒茶には萎凋を施さず、自家で仕上げて併設の店舗で売りさばく。店舗売りの商品にも萎凋をかけたらいいのに、と思うのはひとり筆者だけだろうか。ねぇ、喜代治さん、店売りの分にも萎凋をかけようよ！

在来が示唆する嗜好品としての可能性

さて、私が志喜地園のお茶を高く評価するのは、品種にかかわらず、心をこめて二段階の萎凋を施した荒茶がどれも素晴らしく、真に飲むに価するお茶であるからだ。敬一郎さんが「ウチのエース」と言ってはばからなく、また目（舌か？）利きの勝美さんをして「横綱（のお茶）だ」と言わしめるお茶は、けしてダテではないのである。しかし、志喜地園のお茶が単に萎凋の技術で秀でているだけなら、私はここまで入れ込むことはなか

志喜地園所有の浅間塚、別名茶業公園

ったただろう。もちろん、ここまで萎凋に手をかけ、心をくだく生産者は、今現在、この国にはいないはずだ。

それはともかく、志喜地園のお茶の決定的なアドバンテージは、萎凋の励行に加え、広い在来茶園を有している点にある。具体的に言えば、三町所有する圃場のうち、じつに八反が在来の茶園なのである。その中身をさらに腑分けすると、四反がやぶきたの実生園、あとの四反が〝本在来〟という内訳。ほかには三反のふくみどりと一反のさやまかおりがあり、残りの一町八反がやぶきたというわけだ。前にも書いたが、狭山でも在来は早くから目の敵にされ、年々面積を減じてきた。だから、志喜地園一軒で八反もの在来茶園を所有することじたい、奇跡に近いことなのだ。

「その上、志喜地園のこの在来茶園は、金子台地でももっともいいお茶がとれるとされる台地東寄りの一角にあり、昔から〝根岸前〟と呼ばれて

浅間塚から眺める在来圃の摘採風景（志喜地園）

芽吹き前、春３月の志喜地園の在来圃

地元でも別格の扱いをうけてきた。ここのお茶は香りだけでなく、色もきれいに出るから不思議です」

　こう補足してくれたのは敬一郎さんだが、志喜地園のお茶の格の違いは、恵まれた自然条件にも支えられていたのである。間野家の根岸前の在来茶園は、金子台地を東西に一直線に突っ切る県道沿いにあって、道路南側に残る〝浅間塚〟（茶業公園）と呼ばれる小丘が目印。かつてこの場所に、じっさいに浅間神社があったらしい。私はことし（平26）二月にはじめて備前屋を訪問し、翌三月から本格取材に入ったわけだが、このとき真っ先に浅間塚の存在に気づき、さっそく八メートルばかりの高さがある塚にのぼってみた。茶園が見事に広がる金子台地の俯瞰写真が撮りたかったからだ。

　俯瞰とまではいかなかったが、塚上からは秩父の山並みを背景にした圧巻の茶園風景を望むことができた。ここは狭山茶の本場であり、この舞台

上で今まさに繰り広げられているお茶のドラマのことを想像すると、しぜんと体内に力がみなぎるのだった。塚の上からふと視線を足元に落とした私は、思わず「アッ！」と声を上げそうになった。塚の四囲に広がる茶樹はまさに在来の集団であり、狭山でも在来は絶滅危惧種になりつつあると聞いたばかりなので、私はそのあり得ない光景に驚き、狂喜した。

しかも、塚から茶園に下りて注意深く観察すると、在来の茶樹にも二種類あって、一方は豆粒ほどの葉の大きさから、一般に〝ビンカ種〟と呼ばれる本在来であることがわかる。もう一方は、葉がふつうの大きさながら、クローン（挿し木）のやぶきたとはっきり趣を異にする実生のやぶきたであろう、と私は見当をつけた。結果的にこの推量はあたっていたのだが、私が実生のやぶきたを見分けることができたのは、大和高原（奈良）の茶産地でさんざんこの貴重なやぶきたの実生園を

新茶期の在来圃。芽吹いた赤芽が愛らしい

見てきたからだ。それにしても、この広大ともいっていい在来茶園の持ち主はいったい誰だろう、と私の好奇心は俄然燃えあがった。

その翌日、新久の西野園（勝美さんの自宅）での最初のインタビューに喜代治さんと善雄さんが同席してくれ、そこではじめて浅間塚の在来茶園が志喜地園のものだとわかった次第。こうして前日の疑問は即座に氷解したのである。ちなみに、浅間塚は間野家の所有になる土地で、一時的に公園として市に貸し出しているらしい。

二番（茶）の摘採のときに、私は現場でそれ（摘採）に立ち合ったのだが、乗用を使っての作業はじつに呆気なかった。午前中に摘んだ茶葉は何度かに分けて自宅横にある茶工場に運び、件の送風装置にかけるか、もしくはブルーシート上に広げておく。

右：送風装置の上に置いた生葉を撹拌する善雄さんと助っ人
左：これが寺田の「茶生葉管理装置」の扇風機部分

萎凋した茶葉を手作業で蒸し機に送る

午後は工場に張りついて、こうして運んだ茶葉の製茶作業に専念する。寺田の送風装置は二ラインあり、片方だけでも三〇〇～四〇〇キロの茶葉を処理できる。ふつう、この装置の萎凋作業には六、七時間をかける。そうすると、八反ある在来茶園の萎凋作業も、二日もあればカタがついてしまう。

「お茶の時期には、ボクひとりでは（作業が）回せなくなる。特に、送風装置には誰かひとりつかないと、いい萎凋ができない。知人にパートできてもらうか、手配できない場合はカミサンに手伝ってもらいます」

と、善雄さん。この日も、入間市内から屈強の友人が助っ人にきていた。その手際のよさから判断すると、すでに何度も作業を手伝った経験のある仲間に違いない。私は摘採前に圃場で思う存分、本在来の若芽の写真を撮って、掛けがえのないひと時を楽しんだ。ひと株、ひと株違う葉の個性は、実生在来ゆえの特徴であり、赤芽の小葉の株があるかと思えば、その隣はツンと澄ましたコバルトブルーの色も鮮やかな葉をつけた株であったりと、じつに千差万別の顔をもつ。

これはそのまま遺伝資源であり、長い時間をかけて、地方ごとにその地にふさわしい在来種を育んできた。宇治には宇治の、静岡には静岡の、また狭山には狭山の在来種があると言われる由縁だ。戦前に、こうした地方ごとの在来種を〝品種〟と考えた研究者がいた。高林謙三を親身になってサポートし、のちに杉山彦三郎のライバルとなった大林達也である。大林は在来種の地域銘柄の特殊性に目をつけたのである。結果として、その後（戦後）、時代は大林の思いとは裏腹に、クローン一辺倒の流れに突き進んでしまったわけだが、地方ごとの在来を品種と考えるか否かは別として、業界も消費者ももっと、在来の重要性に気づくべきである。

それは、単に遺伝資源の面から発想しているのではなく、私はあくまで嗜好品としてのお茶の可能性から考えて、もっと在来に注目してはどうか、と言いたいのだ。つまり、クローナルにはないそのしぜんで、体が何の抵抗もなく受けつけるすばらしい飲み口と香味を、なぜもう一度と り戻さないのか、と思うからである。お茶が嗜好品ゆえに、〝厚化粧〟のやぶきたが好きな喫茶人がいても、一向に構わない。しかし、飲まず嫌いで、一度も味わってもいないのに、在来にダメ出しをすることだけはやめてほしい。一度でも、無施肥・無農薬に近い圃場で育てられ、しっかり萎凋がけされた在来のお茶を味わえば、あなたはもう二度とほかのお茶には戻れないはず。それが〝本質茶〟のすごさであり、価値というものである。

実生在来の茶園は、ひと株ごとに個性の異なる茶木の集まりだからこそ、その集積としての茶葉を揉めば、そこに香味の調和がとれた絶妙の荒茶が誕生する。言うならば、茶木の段階ですでに合組（ブレンド）を経たようなもので、誰が飲んでも飲みやすく、爽やかで、体にスーッとおさまるお茶になる。これこそが実生在来の真骨頂であり、クローナルではけして望み得ない究極の「喫茶の贅」を味わわせてくれる。

さて、茶工場での萎凋作業が進むほどに、志喜地園の茶部屋内はもとより、中庭や母屋の中までフルーティで、甘涼しい萎凋香が立ち込める。一度でもこうした作業を経験し、萎凋の芳香をかいだ人間であれば、即座に製茶における萎凋香の意味と重要性を理解できるはずだ。だが、戦後の経済効率ばかりを追求する社会構造、また思考停止の日常生活の中で、この国では手間のかかる萎凋作業を臆面もなく捨て、それに対して消費者も異論をとなえることをしなかった。だからこの半世紀、我々は本物のお茶に接することなく、旨みばかりが突出した得体の知れない飲み物をお茶と信じこみ、危うい喫茶空間に漂ってきた。

なぜ、こうしたまやかしが正々堂々と通ってしまうのか、理解に苦しむところだ。だが、狭山ではそう簡単に容易なお茶づくりに走る

茶工場の軒下で日干萎凋をかける善雄さん

ことはなかった。萎凋の価値と意味をとことん知り尽くした太田義十が茶業サークルの中心にいて、かつその教えを理解・実践できる優秀で熱い生産者や茶商がしっかり現場を固めていた。この国の茶業界ではじつに稀有な出来事であり、真に称賛に値すると思う。恥ずかしいことだが、敬一郎さんに会うまで、私はこうした事実を知らなかった。負け惜しみを言うわけではないが、研究者といえども、高林謙三の業績は正当に評価し得たとしても、太田のそれまで目配りできた学者が、過去にいただろうか。太田義十は今こそ高林謙三とともに、日本の茶業史の中にしっかり位置づけるべき最重要人物ではなかろうか。

夕刻には、最初に送風装置にかけられたひとホイロ分が、製茶を終えて、商品の荒茶となって乾燥機から出てきた。さっそく茶部屋の中で試飲する。明るく澄んだ金緑色の水色、鼻にスーッと抜ける涼やかな香気、そして何煎でもはいる茶葉の力……。在来と萎凋の見事なコンビネーション。ダージリンにはたしかに芸術品といってもいい途轍もない紅茶がある。しかし私は、日本にもそのダージリンに少しもヒケをとらない在来の萎凋煎茶がある、と言いたい。私は奈良の大和高原で岩田文明さん作のスゴい萎凋煎茶に出遭ったが、そのとき、もう二度とこうした至福は味わえないだろう、と勝手に決めつけていた。

だが、私は今またその至福に狭山で巡り合い、このあともう一軒、悠然と在来煎茶づくりにとり組む生産者に出遭うことになる。それは、初回の挨拶回りで敬一郎さんから紹介された増岡園の伸一さんであり、この本物の茶師については、次の章で詳しくふれたい。会う前から紹介者に伸一さんの尋常でない知識と技量をふれ込まれていたが、じっさいに本人にお目にかかると、なるほどその破格ぶりに私は舌を巻いた。

狭山茶を浅蒸しにもどす時代が到来した

さて、志喜地園の在来萎凋煎茶のすばらしさは、ここまでの説明で十分伝わったと思うが、特記すべきはそのほかの品種も同様に高いレベルで製茶されていることだ。さやまかおりの旨さは容易に想像できることだが、葉肉がやわらかく一瞬に蒸しが通ってしまうふくみどり、さらには私が苦手のやぶきたでさえ、旨みが前面に出てくることはけしてなく、じつに爽快でキレのある飲み口に仕上がっている。むろん、根岸前という金子台地屈指の場所に圃場をもつ有利さはあるだろう。日干萎凋と送風装置の恩恵も、もちろんある。

だが、善雄さん本人と敬一郎さん、さらには勝美さんも加わって力説するのは、粗揉機による効果だ。志喜地園の製茶ラインは基本的に六十キロであり、五年前に入れ替えたという新しいカワサキの蒸し機のあとに、三連の〝高林式〟粗揉機があてがわれている。つまり、頭に葉打ちをおいて二台の粗揉に振り分けて流すという、現代では標準的な粗揉段階でのシステムだ。狭山でも大方の生産者が深蒸しに乗り換えてしまったため、最近ではとんと聞かれなくなったらしいが、以前は「粗揉機だけは高林に限る」という声をどこでも耳にすることができた。

では、高林式のメリットとは、いったいどんな点にあるのか。敬一郎さんが代表して答えてくれたのは、以下のポイントだ。

「高林式は揉み込みすぎないよう制御できる機械だということです。結果として葉切れせず、色のよいお茶になる。ただし、歩留まりはよくありませんが……」

機械オンチの筆者には、今ひとつわかりづらい解説だが、「昔の機械はよく揉めなかった。それがよかった」と勝美さんの説明が続くと、何だかよくわからないが、揉み込みすぎない高林式に何らかのメリットがあることだけは、漠然と理解できた。思い出すのは、喜代治さんの「今の（製茶）機械はすべて深蒸し用にセッティングされていて、特に蒸し機は〝若蒸し〟がうまくできない構造になっている。深く蒸すのは簡単にできるのに……」という指摘だ。

喜代治さんはさらに、次のようにも言っていた。

「撚り込んでいくタイプの現在の粗揉機だと、蒸しは六十秒が限度ですね。それ以上蒸すと、萎凋でもしない限り、粉になっちゃう。逆に蒸しを

これが高林式粗揉機の心臓部

若くすれば、葉切れをおこして渋み、苦みが出てしまう。渋みはいいけど、苦みはいただけない」

ここに至って、揉み込まないタイプの高林式が、若蒸しのお茶づくりに特化している志喜地園にマッチしていることが、ようやくわかってきた。若蒸しの場合、現在普及している揉み込むタイプ（深蒸し用）の粗揉機だと、容易に葉切れをおこして苦渋みのお茶になってしまうが、その点揉み込まない構造の高林式だと、まさに志喜地園のお茶のように、余計な苦渋みの出ない爽快で、キレイな水色のお茶になるわけだ。

つまり、高林式のメリットを引き出すためには、茶葉は若蒸しでなければならず、父親の代から若蒸しのお茶を理想とする志喜地園にとっては、高林式は欠かすことのできない必須の機械（粗揉機）ということになる。だが、高林式の現物のドラム内部をのぞいても、浚《さら》い手と揉み手からなる基本構造は他の機種とまるで同じで、私のような門外

完成した志喜地園の在来荒茶

漢にはその違いがまったく判別できない。たぶん、じっさいに機械が作動する中で、揉み手の圧や浚い手の動きに微妙な差が生まれ、そこから撚り込まないお茶がつくり出されるのだろう。

この揉み込まないお茶は歩留まりがよくない、と敬一郎さんは言及していたが、若蒸しの葉を使って揉み込まなければ、逆に歩留まりはよくなりそうなものだが、悲しいかなメカオンチの私にはそのあたりの仕組みがわからない。それはさておき、金子台地（根通り）を中心とした入間のお茶の特徴として、肉厚で、繊維質の多い茶葉であることが知られている。そこには寒冷地という条件が大きく影響しているが、土壌面からみれば、味はいいが香りが足りない、というのが狭山茶の世間一般の評価だ。

「ここの黒ボクの土壌には力がある。お茶の前は麦やサツマイモをつくり、肥やしをタップリやっていたから、肥料分の蓄積がある。だから、茶葉には〝葉力〟があり、摘採の適期も長い。一方、粘度質の日高あたりでは、旨みは少ないが、香りの高いお茶ができるんです」

勝美さんの見立てである。そうした中で、金子台地の一角を占める根岸前だけは、狭山茶の一般的な特徴である黄黒い色沢ではない、志喜地園の荒茶のごとく、美しい青みを帯びた茶葉を産するというわけだ。敬一郎さんはさらに突っ込んで、根通りの産地としての特質をこう分析する。

「本来、根通りは深蒸しの産地ではなかった。茶葉をみても、深蒸しには適していないんです。だからウチは、ことし思いきって、（茶葉の）蒸し度をバックさせようと考えています。つまり蒸し時間を昔のように短くするんです」

昨年の二月、はじめて敬一郎さんが運転する車で根通りを走ったとき、本人の口から出た言葉である。たしかに、志喜地園のあの香り高く、軽快な荒茶は深蒸しではけして生まれない。しかし、根通りが全体として深蒸しの適地であるか否かは、素人の私に断じる勇気はない。ただ、これだけは言えるだろう。志喜地園や、このあと登場願う増岡園では、現実問題として超爽快な浅蒸し茶で定評を手に入れ、がっちりと固定ファンをつかんでいる。

ということは、根通りが深蒸しの適地であるか否かにかかわらず、少なくとも高いレベルの浅

茶業公園の在来圃に立つ善雄さん

蒸し茶を製することのできる産地であることは、疑う余地がないはずだ。私は個人的にも深蒸しを好まず、進んで飲むことはないから、狭山の産地が深蒸しに傾いていることは、とても残念な気がしてならない。だから、敬一郎さんには蒸し度をどんどん元にもどしてもらい、萎凋と組み合わせた蒸しの浅いお茶がいかにおいしく、本道をゆくものか、この際とことん消費者に知らしめてほしい。

むろん、ムラ蒸し（ムラ蒸《ぶ》け）は禁物だが、〝最短時間の完全蒸し〟を心掛けていれば、おのずと蒸し時間は短くて済むはずだ。野菜と同様、生の素材である茶葉は無駄な蒸しを加えれば加えるほど、生来の持ち味は失せ、ただの材料に成り下がってしまう。そういえば、敬一郎さんの要請で、昨年の一茶の蒸し時間を六十秒から四十秒に短縮した喜代治さんが、こんな感想を述べていた。

「二十秒の差が、こんなにはっきりお茶（荒茶）に出るとは、思いもよらなかった。前年までのお茶とは別物になっちゃった。これが、雑味がまったく感じられない、透き通るようなお茶なんです」

私は喜代治さんが揉んだこの若蒸しのお茶を、偶然備前屋で飲んでいる。備前屋では例年、一茶が終わった六月下旬に、〝値付け〟と称して仲買の勝美さん出席の上、勝美さんが仲介して集めた全素材（荒茶）の試飲をしたあと、それら荒茶の単価付けを行なっている。私はことし、特別に敬一郎さんからこの席に招かれて、朝から晩までふたりと一緒に、八十口《くち》近くある荒茶を試飲し続けた。しかも、三煎目まで飲んで確かめ、やっと値付けをするのである。このうちの三十口前後は志喜地園のもので、いかに志喜地園のお茶が高く評価され、期待もされているかがわかろう。

喜代治さんが自身でも驚き、値付けの日に改めてふたりの審判から高評価を受けたのは、萎凋したさやまみどりの若蒸しだった。さやまみどりはもともと萎凋香に定評があり、備前屋の先代（勇三さん）がもっとも愛した品種でもあった。「これ（さやまみどり）がなかったら、埼玉の萎凋香はなかったかも。父もここから萎凋にはまっていったんです」とは、敬一郎さんの追想だが、考えてみれば、浅蒸しにもどしたからこそ、さやまみどりは本領を発揮できたのである。

そろそろ狭山にも、産地を挙げて浅蒸しにもどす時代がきたのではないだろうか。敬一郎さんと勝美さんは、とうにそうした時代の到来を肌身に感じている。蒸し度を若くもどしたのも、まさに時代を先取りせんがための秘策であった。

〈市川園〉
〒358-0002　埼玉県入間市東町四-一-一八四
TEL=04・2962・4475
店での小売り商品は、残念ながら萎凋がけされていないが、その品質の高さは勝美さんの御墨付。商品はやぶきたを除き、あとは合組茶を値段で三ランクに分けている。トップブランドの「宝香」はさえみどりとやぶきたのブレンドで、素晴らしい香味のハーモニーが楽しめる。

八章　本質を見えにくくするシステムの複雑化

二本木の在来茶園に立つ
伸一さん、隆彦クン親子

〝角を矯めて牛を殺すな〟という教訓

備前屋の先代と勝美さんとの出会いがあり、やがて勝美さんが仲買として備前屋に協力するようになった経緯は、前章で簡単にふれた。そのとき、勝美さんは斡旋のみをする一般の仲買（才取り）とは立場が違う、とも書いた。具体的には、勝美さんは生産者と問屋（備前屋）との間に立って、どんな動きをしているのだろう。

これは本人の口からじかに語ってもらうのが、いちばんいいかもしれない。

「根通りには私以外にも仲買はいます。彼らは文字どおり斡旋だけを仕事としていますが、私の場合、生産者と問屋の間に派生する業務のすべてを管理し、仕切ります。生産者には製造過程の細かい部分にまで注文をつけますし、一方で問屋の値付けにも出席する。幸い、私には若いころに製造をやった経験もありますし、流れの中で茶業をみる目をもっていますから……。狭山ではちょっと特殊な存在かもしれません」

そうなのだ、勝美さんが仲買として実践していることは、じつに多岐にわたり、かつ高度なレベルに達している。だから、敬一郎さんは何の躊躇もなく、「製造にも明るく、こちらが出す要求にはすぐに応えてくれる。勝美さんがいない備前屋は、まったく想像しにくいですね」と言って、はばからない。敬一郎さんの勝美さんへの信頼、また敬愛の気持ちが、とても素直に出たコメントだと思う。生産者をふくめた〝三方よし〟の関係も、間をとり持つ勝美さんがいてこその物種とわかる。

そんな別格の位置を占める勝美さんは、市川園と志喜地園のほかに、あと三軒の根通りの生産者を組織している。その一軒がこれまでにも随所でふれてきた上谷ヶ貫（金子台地の西寄り）の増岡園で、勝美さんと仲一さんという狭山茶の両巨頭が、立場は違えど同じグループ内で切磋琢磨する図は、滅多に見れない共演でもあり、狭山劇場の観客のひとりにすぎない私なんぞは、末席からつい掛け声のひとつでも飛ばしたくなる。それほどに、このふたりの組み合わせは奇跡的なものに思えるのである。

仲一さんと増岡園のさわりの部分は、すでに一章で述べたとおりだが、ここでは勝美さんが見初めた仲一さんの茶づくりの細部に踏み込んでゆきたい。じつは勝美さんと増岡園との付き合いは、仲一さんの父である廣治《こうじ》さんの時代からはじまっていた。「手摘みのいいお茶をつくる家でした。で、私は廣治さんにお願いして、（茶葉の）〝アタマ〟のほうを備前屋におさめるようにしたんです」と、勝美さんが回想する。

たぶん、このころに仲一さんは高校を卒業（昭和四十五年）し、一年間の茶研での研修に入る。茶研ではまさに新品種さやまかおりの登録準備中で、学生も毎日のように原種圃で挿し木を手伝わされたことは、前に書いた。さやまかおりの育成の思い出とともに、仲一さんは茶研在学中にその後のお茶との関わり方を決定的にした、重要な人物との出遭いを果たす。当時、技官として茶研にいた渕之上《ふちのえ》康元さんで、若いときから人一倍研究熱心だった仲一さんは、しぜんに師匠と呼ぶほどに渕之上さんの教えを吸収していった。

「いろいろ大切なことを教えてくれた先生でしたが、特に印象的におぼえていることがふたつあります。ひとつは、『香気のいいお茶をつくりたかったら、肥料をやるな。やればやるほど香気は落ちる』と。痩せっ葉の匂いが理想で、（チッ素）肥料は茶葉に（不必要な）強烈な味をつけてしまう、と教えられました」

「もうひとつは、『粗揉（葉振い）でけして葉切れをおこさせてはいけない。葉切れは苦渋みの原因になるから』と。深蒸し茶のあの緑色は、まさに粗揉機に投入した茶葉が葉振いによって葉切れをおこしている証拠なんだと、常に言っておられました」

ふたつ目のエピソードに関し、今回、伸一さんが興味深い〝反応〟を見せてくれた。それは前（二章）にも書いたが、私が日ごろ愛飲している、奈良・月ヶ瀬の岩田文明さんの在来萎凋煎茶を試飲してもらったときの場面だった。伸一さんは一煎目をおいしそうに飲んだあと、二煎目を口にふくんだところで、うなずくような仕草とともに、次のような言葉をつぶやいた。

「このお茶をつくった人は、手揉みの経験をもたない人ですね。茶葉が葉切れをおこしています。葉切れをおこしたお茶は、二煎目ぐらいから苦渋みが出てしまいます。いいお茶ですが、これだけ渋みがあると、狭山ではなかなか売れないですね」

私にとっては、何ともショッキングなコメントだった。包み隠さずに言えば、文明さんの萎凋在来は私が掛け値なしに国内最高の煎茶と評価するお茶であり、伸一さんはそのお茶に対し平然と辛口の批評を加えたのである。このとき、私は改めて伸一さんの茶師としてのすごさを認識したわけだが、同時に伸一さんの口からごくしぜんに発せられた最後の言葉が、喉に刺さった魚の骨のごとく、妙に心に引っかかった。

どういうことかといえば、静岡・牧之原で子ども時代を過ごした私にとって、文明さんの萎凋在来の渋さのレベルは、まったく気になる範疇にはなく、むしろ物足りなさを感じるくらいだ。だが、伸一さんによれば、この（渋さの）レベルのお茶でも、地元狭山（広くは関東?）では敬遠されかねないという。文明さんの萎凋在来には嫌な渋みはいっさいない。爽快な萎凋香と調和した穏やかな渋みがあるだけだ。

想像するに、最近の軟弱（それとも堕落?）になった消費者は、香辛料などの辛さは認める半面、日ごろ接する機会の少ない〝渋み〟を遠ざけてしまった。だからこそ、そうした渋みをとり去ってしまった深蒸しが、いまだに日本茶の主役の座におさまっていられるのだろう。嘆かわしい話だが、私がいちばん危惧するのは、こうした風潮に狭山の産地がこぞって〝右へならえ〟をしてしまうことだ。誤解を恐れずに言えば、お茶の渋みが理解できない人間に、日本茶を飲む資格はない——そう、私は信じている。日本茶の渋みがダメな消費者には、渋みとは縁のない飲料が世間にごまんと溢れかえっている。そちらの飲み物を自由に選んで飲んでほしい。

だから、日本茶の生産者や業界が、消費者の我がままに追随する理由はどこにもないのである。日本茶の〝生命線〟は間違いなく渋みであり、本音を言ってしまえば、茶業界が渋みのお茶から深蒸しに乗り換えたとき（半世紀前?）に、日本茶の運命は決まっていたのである。胸に手を当てて静かにこの半世紀を振り返るとき、私にはその衰退が絵解きされた物語のように見えて仕方がない。たしかに、お茶の渋みは伸一さんが言うように、粗揉での葉振いからくるものなのだろう。だが、日本茶衰退の原因はそこ（渋み）にはなく、肥料に頼る旨みの追求と、安易な深蒸しへの転換にあったのである。

せっかくだから、太田が渋みに関する味のあるエピソードを『あゆみ』に紹介しているので、それを披露しておきたい。私がとても好きな一節だ。

戦前の苦渋味（の）強い茶の改善には苦心したもので、その緩和の試飲研究が各地で行なわれた。元の茶業組合会議所で技術者の会合があり検討論議を重ねている席に、三橋会頭がブラリとやってきた。黙って論議に耳を傾けていたが、「緑茶は苦いもの、渋いもの」と独り言を呟きながら、〝立ち去った。その真意を図りかねたが、後日これは〝角を矯めて牛を殺すな〟という謎ではなかったろうか、とも考えられた。確かに苦味は好ましくない。なれど程よい甘苦味は茶の生命ではなかろうか。

この一文は、『あゆみ』の中の最後の章、〈茶業に対する提言〉のパートにおさめられている。「角《つの》を矯《た》めて牛を殺す」は、少しの欠点を直そうとして、その手段が度を過ぎ、かえって物事全体をだめにしてしまうことの譬えだ。要は日本茶の渋みが問題になったとき、本来なら粗揉（葉振い）にほんの少しの工夫をして、渋みを和らげれば済むことを、業界は深蒸しを編み出して渋みを完膚なきまでに駆逐してしまった、と太田は嘆いているのである。そして、「程よい甘苦味

は茶の生命ではなかろうか」と結んでいる。甘苦味は渋みとおき換えていいだろう。太田が言うとおり、渋みはもとよりお茶の〝生命〟であったのである。

「最近の狭山茶は香気が失せてしまった」

さて、私は一章の最後に、伸一さんがすでに無施肥・無農薬の領域に踏み込んでいる、と書いた。二月の初対面のときは、それを言葉でしか確認できなかったが、その次のインタビューのときには、じっさいに無施肥・無農薬を実践している圃場を見せてもらった。その場所は金子台地の西南端といっていい、入間市二本木の平地にあって、台地斜面を下った陽当たりのいいスペースを占めている。伸一さんが指さす先を見て、私は思わず舞い上がりそうになった。その三反ばかりの圃場に植わっていたのは、まさに志喜地園の浅間塚に残っ

二本木の在来圃（増岡園）の秋芽

ている本在来と同じ、別の植物と見まがうほど葉の小さなビンカ種だった。

「もともと勤め人だった叔父が管理していた畑を、もう体力的に（作業は）無理だからと、数年前にウチであずかったんです。何十年も農薬を撒いていない畑でした。当初は有機でいこうと、油カスと堆肥をやっていたんですが、その後両方ともやめて、今では完全な無施肥・無農薬で管理しています」

案の定、伸一さんは本在来の無施肥・無農薬茶園という究極の隠し球をもっていたのである。その隠し球が生むお茶を、圃場から店にもどって試飲させてもらった。想像どおりの旨さ、そして武蔵野の雑木林のような清々しさだった。見た目も、飲み心地も、文明さんの萎凋在来とほとんど変わらない。ただ、手揉みの術を生かした粗揉機の使い方で、たしかに渋みはよりマイルドに加工されている。それは余りにも微妙な差であり、私にはそんな差違はどうでもよく、現実に、ここ狭山に月ヶ瀬の文明さんと同じ哲学をもち、同じ在来萎凋を喜々として（私にはそう見えた）揉む生産者がいたことが、何よりも貴重で、うれしかった。伸一さん、本当にありがとう。

話は元にもどるが、渕之上さんのもうひとつの教えも、とても重要なもの。「肥料はやるな、やればやるほど（お茶の）香気は落ちる」の発言は、これが発せられた時代（昭和四十年代半ば）を考えれば、農業の未来を先取りした、じつに先進的な主張といえるだろう。時はまさに高度成長の真っ只中、農薬もチッ素肥料も使えるだけ使わないと損という時代であり、よくぞ渕之上さんはこうした狂乱の巷で、本音を通すことができたものだ。昭和三十五年まで茶研の所長をつとめた太田だって、多肥栽培は批判しても、「肥料はやるな」とは言わなかったはず。

当時、ここまで植物（作物）の生理を理解し、その上で本音を堂々と語ることができたのは、お茶では有馬利治、野菜では永田照喜治ぐらいのものではなかったろうか。そう考えると、まだお目にかかったことはないが、渕之上さんという存在がいっそう眩しくイメージされるのである。伸一さんにとってはじつに幸運な一年間であったはずだが、悲しいのは、こんな素晴らしい指導者が研究機関にいたにもかかわらず、お茶の現場にはそうした大切な教訓はほとんど根付くことなく、相も変わらぬ農薬とチッ素頼みの危うい茶業が続いていることだ。

そういえば、去年四月に十年振りに茶研にもどってきたという研究員（技官とは言わないらしい）の梶浦さんに会ったとき、以下のようなエピソードを聞かせてくれた。率直な語り口が私にはうれしかった。

「私は一回目の茶研勤務のときは、まだ二十代でした。七年間在籍しました。加工の担当でしたから、もちろん緑茶のつくり方も学びました。でも、そのときは先輩から萎凋のことは教えられませんでしたし、私自身も知りませんでした。萎凋のことを知ったのは、だいぶあとになってからです」

こうした事情は狭山に特有なものではなく、今から十〜十五年ぐらい前の茶業界を考えれば、すでに萎凋は全国的に死語と化し、タブー視さえされていたはずだ。私が感動したのは、これに続く梶浦さんの証言の後半である。

「お世話になったその先輩が、定年で退職することになったんです。そんなある日のこと、それまで、余りかしこまった話はしたことがなかったんですが、おもむろに先輩は語り出しました。

『最近の狭山茶は香気が失せてしまった。後輩の君には、ぜひ香りの高い、煎の利くお茶をつくってもらいたい。頼むよ』とおっしゃるんです」

「そのときは、香り衰退の原因のひとつに、萎凋をやめたことが絡んでいるのではないか、ぐらいのことしか思い浮かびませんでした。今になって思うのは、萎凋をベースにしない限り、本当の香りはもどってこないだろうということ。もちろん、肥料や農薬の多投もお茶の香気に影響を与えかねないということも、今では承知しているつもりです」

太田や渕之上さんから続く〝香り茶〟の伝統は、見事に茶研の内に生きていたのである。いくら萎凋に向く品種をたくさん育成しても、それを生かす知恵や技術がなければ、それは宝の持ち腐れになってしまう。だが、幸いにも狭山には、お茶の本質を見抜く目をもった研究員、二代にわたって萎凋茶の製造・販売に精魂傾ける茶問屋、萎凋の価値を血脈のごとく風土に根付かせた仲買、そして萎凋の工程を当然の製茶プロセスと考えられる生産者がいる。こんな生産地がほかにあるだろうか。お茶の産地シリーズの最終本が狭山になったのは、偶然の出遭いに恵まれたとはいえ、取材の出発時から準備されていた必然の帰結であったのかもしれない。

偶然のキッカケではじまった無農薬

さて、茶研の研修を終えた仲一さんは、十九歳で家業を継ぐことに。仲一さんの名刺に〝十五代園主〟の文字が刷り込まれいることからもわかるように、増岡家は当地きっての大農家で、お茶も相当昔からつくっていたという。当時、家には二町二反もの茶園があり、一町の野菜畑だけは父が管理していた。伸一さんの担当となった茶園は、七畝のやぶきたを除けばすべて在来の圃場だった。

「それからはくる年も、くる年も改植に励みました。毎年、二反の広さと決めていて、自分で穂木をとって、それを挿し木しました。原発事故の前の年までやっていましたね」

しかし、家業についたころには、さやまみどり、やまとみどり、こまかげなどの品種が推奨されていたが、伸一さんの好みには合わなかった。やぶきたも当時は埼玉の奨励品種に入っておらず、仮に植えても冬の寒さで枯れることが多かったらしい。ただ、茶研で育成を手伝ったさやまかおりだけは愛着もあり、在学中から穂木をもらって自家の茶園で増殖していたという。

「三年たったところで、このさやまかおりを初摘みしました。ゴリゴリした芽で、当時はやりはじめた深蒸しにしようかとも思ったんですが、結局浅蒸しを試みて、半分は失敗してしまいました」

と、伸一さんは屈託なく笑う。ここまでの取材から明らかなように、狭山の茶業関係者はほぼ例外なく誠実で、真っ正直な人物が多い。そうした中で、茶目っ気があり、ウィットに富んだ話し方で異彩を放つのが伸一さんだ。単に話がおもしろいというのではなく、伸一さんは常に本音で語り、業界に対する批判精神も持ちあわせている。背景には、お茶への深い造詣と栽培・製造技術の揺るぎない裏付け（自信）があり、その地平から発せられる言葉であるからこそ、圧倒的な説得力をもつのである。取材に入る前、敬一郎さんは伸一さんの人物評として、「独特で、鋭い感覚をそなえた茶業家」という表現をしたが、インタビューを重ねた今、私はそこに「本音を堂々と語れる本物の茶師」という形容を付け加えるべきだと思っている。

前に、伸一さんの紅茶づくりのキッカケが、緑茶の萎凋香研究の一環だったことを書いた。これもすごい発想だとは思うが、私がより知りたかったのは、伸一さんと有機・無農薬との出遭いだった。前作（『日本茶の「発生」』）の舞台である滋賀県（近江茶）でも、有機・無農薬の茶業はまだまだ主流になり得ていない。そのあたりの事情は狭山でも同様で、この点でも伸一さん（増岡園）の存在は特筆に値する、と私は考えている。

「たしかアレは、家業を継いで間もなく、二十《はたち》ぐらいのときでした。小川（現小川市）の人で、有機農業の研究会を立ち上げた金子美登《よしのり》さんを囲む会があって、偶然それに参加したんです。当時はまだ〝有機〟という言葉は使われてなくて、ただ〝無農薬〟としか言ってなかったですね。今思い返すと、あの会に出席したことは、神の啓示であったような気がします」

だが、啓示が現実のものとなるには、一定の醸成期間が必要だった。有機転換への端緒は、思わぬカタチでやってきた。伸一さんが三十代に入って間もなくのころのことだった。

「スケジュール散布で、いつものように自家の茶園に農薬を撒いているときでした。突然タンクの農薬が切れて、一瞬困ったな、と。散布の適期は逃がすけど、一回ぐらい（散布を）抜いてもいいか、と考え直したんです。虫も大してつかないので、その畑は試しに次のときも農薬をやめて、結局一年放っておきました。その間も、収穫はふつうにあったんです」

「でも、三年目に毛虫が大発生し、収穫はゼロに。そんなときに、ある消費者から無農薬のお茶がほしい、と言ってきたんです。翌年からは虫の発生もおさまり、これをキッカケに生協との付き合いもでき、完全無農薬の圃場を徐々にふやしていきました。今では、途中で加わった叔父から借り受けた在来茶園をふくめ、全体の三分の一の面積を無農薬で回しています」

こうして、現在の増岡園は全茶園（二町七反）で特別栽培の認定を受けており、その中には二本木の無施肥・無農薬の圃場もふくまれる。品種としてはさやまかおりとやぶきたをメインに、最近力を入れはじめているふくみどりのほかには、かなやみどり、おくみどり、つゆひかり、そして在来という構成。さやまかおりの紅茶（ブランド名は「狭山野」）や在来の萎凋煎茶（同「慶長の昔」）の旨さは言うまでもないが、二茶で味わったかなやみどりの浅蒸しも絶品だった。

狭山の“掘り出し物”、増岡園の萎凋在来（手前）と狭山野紅茶

「（かなやみどりは）もともと花粉症・アレルギーに効くということで導入した品種なんです。結果的に耐寒性が高く、芽揃いもよく、微発酵のお茶にも向いていることがわかってきました。有機の畑で本領を発揮する品種であることも明らかになりました」

そう、花粉症に効果があるのはべにふうきだけではなかったのだ。このかなやみどり、ときどき生産者の中にも愛好家がいて、

品種の知識のない私などはどうして人気があるのかわからなかったが、伸一さんの説明でようやく合点がいった。せっかくだから、品種誕生の経緯を補足しておく。かなやみどりの育成は種苗法の制定以前と早く、命名登録は昭和四十五年。金谷の国立茶試（当時）で育成され、種子親（♀）がS6（静岡在来6号）、花粉親（♂）がやぶきたという組み合わせ。

伸一さんが言うように、耐寒性があるだけでなく耐病性も高く、加えて樹勢が強くて収量も多い、ときている。しかも、色沢・香気・滋味の三拍子が揃い、まさにいい事ずくめの品種ということになる。品種の本には一茶の品質の特徴として、「ミルクを連想させるような甘い香り」という表現があるが、増岡園の二茶では甘い香りというよりも、ずっと軽快な、ハーブのような爽快感を生み出している。S6の隠れたポテンシャルの力もあるだろうが、増岡園の茶園管理にその多くを負

萎凋在来「慶長の昔」。まさに日本茶の鑑

っているだろうことは、言を俟たない。

本質を見抜く〝異端〟の役割の重要度

増岡園と伸一さんについては、書きたいことはもっと山ほどあるが、紙幅の関係ですべて語り尽くすことはとうてい無理だ。いずれ別の機会に続きは改めて紹介したい。何度も伸一さんにインタビューを繰り返す中で、あるとき、私はこの別格の茶師に、いちばん聞きたいことを問うてみた。伸一さんが理想とするお茶とはどんなものか、私が理解できるレベルで話してほしい、という問いである。「ウチのお茶は気に入らないものばかり」と前置きした上で、伸一さんはいつになく真剣な面持ちで語り出した。

「まず原料は、無施肥・無農薬の新芽を使います。ただし、一芯四葉の芽の上半分を手摘みするんです。緑茶の使命は、嗜好品であると同時に人間の健康を担保するものでなくてはならず、そこから考えても、この原料に丁寧に萎凋をかけて使うことは最低限の条件です。手摘みの価値は今さら言うまでもないと思いますが、ひと芽、ひと芽に人間の手が触れていることで、その時点からすでに理想的な萎凋がはじまっているわけです」

「粗揉では、何度も言及してきましたように、葉切れを生じさせないのが第一の眼目です。強い渋みが出るのを防ぐだけでなく、お茶になって急須から茶碗につぐとき、濁った水色にさせないためです。萎凋がしっかりできていれば、まず簡単に葉切れをおこすことはありません。粗揉

上：秩父の山から庭に移植したヤマチャの新芽
下：ヤマチャの新芽を一家で手摘み。増岡園恒例の春のイベント

機の火をつけたり、消したりの塩梅《あんばい》は、ちょっと熟練を要しますが……」
ここまでの話の中にも、さすが日本茶の生き字引と思わせるポイントがいくつもちりばめられている。一芯四葉の（上）半分摘みなどは、言われてみればなるほどと納得がいくが、みる芽でつくる旨みのお茶が基準である現在の高級煎茶の情況からすれば、一般の業界人には理解不能の言辞かもしれない。萎凋の重要性を葉切れとの関係で説く伸一さんの眼力にも、舌を巻いた。ふつうは萎凋の効用（メリット）として、「高い香気（萎凋香）の発揚」「煎が利く」「味にキレが出る」といった評価はよく聞くが、澄んだ水色を保つためにも萎凋は必須の工程であったのだ。もちろん、泥のような深蒸しを飲むのも、飲み手個々の自由だが……。
伸一さんは続ける。
「細い針のようなお茶しか認めないのであれば、

右から伸一さん、長男の隆彦クン、嫁の
恵美ちゃん、そして奥さんの千代子さん

揉捻は必要かもしれませんが、形状（見てくれ）ではなく（お茶の）本質に力点をおくのであれば、揉捻はまったく不要です。揉捻の工程を省けば、結果として中国茶風の軽いお茶に仕上がり、何煎でもはいるすばらしいものができます」

思い出すのは、同様に揉捻の不要を説き、お茶の内質にこだわり、香味本位の本質茶を追究した有馬利治（『印雑一三二』参照）の存在だ。伸一さんのお茶の本質論は、まさに有馬のそれにピタリと重なる。時代は変わっても、本質を見抜く能力とセンスをそなえた人間には、お茶の〝究極形〟はただひとつと捉えられているのだろう。そういえば、「伸一さんにとって理想のお茶は？」という私の問いに対して、伸一さんが答えてくれたのはここまでだった。想像するに、揉捻はおろか、中揉・精揉といった工程は、なくても済まされる――そう伸一さんは考えているのではないか。

真っ当な（無施肥・無農薬の）原料を用い、そこに理想の萎凋を加え、あとは粗揉機を完全に使いこなせる技術をもち合わせれば、それだけで究極の煎茶ができる――そう、伸一さんは言いたいのに違いない。考えてみれば、高林謙三が粗揉機を発明したころには、蒸し（蒸籠《せいろ》）は別としても、これ（粗揉機）一台で機械製茶が完結していたわけで、有馬や伸一さんが理想としたシンプルな製茶工程は、けして特異なものではないのである。さらに手揉みの時代には、焙炉だけで最高の煎茶が揉まれていたのであり、工程の複雑さは何らお茶の品質に比例しない。

それどころか、現実には機械製茶が進めば進むほど、茶葉の形状や水色ばかりが珍重され、お茶の真の香味から遠く離れてしまった。工程が複雑になればなるほど、逆に基本は疎んじられ、

家の前庭で、摘んだ新芽の萎凋具合をチェック

上右：萎凋のあと、焙炉で手揉みにする
上左：何度か揉んだあとホットプレートで乾燥
　下：昔とった杵柄？　見事な手揉み

上：紅茶への製造工程半ばでできたウーロン茶と伸一さん
下：残り半分は発酵させて紅茶に

上：どんな客にも親切に呈茶するのが増岡園のモットー
下：つい目移りがする増岡園の商品群

もっとも大切な本質がないがしろにされてしまったのだ。これは人間が生み出したすべての文化・文明に通底する弊害ではなかろうか。世界三大文明と呼ばれたものも、また古代ギリシャ・ローマの文明にしても、最終的には自滅・崩壊する道をたどった。いずれも、お茶における本質が何であるかが忘れ去られたように、文化・文明の基本が大地（自然）にあることを無視した人類が、大地に根差さない虚構のシステムをつくり上げようとして、失敗を繰り返したのである。いみじくも、太田は『あゆみ』の中で次のように言っている。まさに正鵠を射た指摘だと思う。

かつて我々は戦時非常事態の際、熱風蒸しを実施してその可能性を知った。現在では資材は豊富、工学は飛躍的発展を遂げている。これ等を検討応用すれば、蒸し操作と粗揉を同一機械で行なうことも可能となり、また精揉機、乾燥機を廃止し、中揉機の構造に考案を加え玉緑茶型仕上げとし、温度の調節等によって乾燥までの遂行も不可能ではない。

伸一さんが粗揉機の話しかしなかったのは、基本（本質）を外さない限り、粗揉機までの工程でお茶の良否の粗方《あらかた》は決まってしまう、と言いたかったのに違いない。紅茶やウーロンの世界で、「萎凋で（お茶の）八割が決まる」と言われているように……。紅茶の研究が佳境に差しかかったころ、伸一さんは揉捻時間に変化をつけて、四年間で合計百パターンもの揉み方を試したらしい。同時に、萎凋の仕方にも工夫をし、わずかな時間で蒸しに回すやり方、午後までおくパターン、そしてひと晩静置・攪拌を続ける手法などを、品種ごとに試したという。

「時代も、黒ボクの土壌からしても、狭山は旨み・深蒸しのお茶に向かうしかなかった。でも私の場合、幸か不幸か、十代の終わりに渕之上さん、それに続けて西野園の勝美さんとの出遭いがあり、減肥と萎凋の重要性を徹底的に叩き込まれました。会社組織にも異端児の役割があるように、産地がまったく同じ色に塗りつぶされたら、やっぱりまずいですよね」

そのとおり、逆説的な言い方をすれば、各文明が滅んだ最大の要因は、本質を見抜く〝異端〟（個人もしくはグループ）の役割を過小評価することで、文明の存立基盤（自然）に目が届かなくなり、破壊と同義の開発に夢中になって自滅したことにある。じつは、異端はつまり正統であり、また本流にほかならない。ある意味、その功績を別とすれば、謙三も太田も日本の茶業史の中で、異端的な役割を演じた先人であったのかもしれない。その伝統を伸一さんは間違いなく継いでいるのである。臆することなく、狭山の地から萎凋、香りのお茶を発信し続けていってほしい。

問屋の明確な理念あってこその〝三方よし〟

さて、この章を閉じるにあたり、伸一さんからも改めて名前が挙がった勝美さんの珠玉の名言に、もう一度光を当てたい。私がまず、蒸しに対する勝美さんのスタンスをはっきり把握できたのは、次のような明快な言辞からだった。そのとき、私は一瞬にして狭山茶の特徴を最低限理解した気になったものだ。

「昔の狭山の深蒸しは青くはなかった。もっと黄色で、火を入れなくても香りがあった。今は、

〝切り蒸し〟になったおかげでコクは出たが、青いドロドロのお茶になってしまった。ここ（根通り）には、ここの〝つくり〟があっていい。根通りの茶葉は蒸しが浅くても味が出る葉だから、深蒸しにしたらもったいないんです」

「一時、備前屋の会長（故勇三さん）が蒸し度を追究したことがありまして、志喜地園のお茶も追随せざるを得なかった。問屋がこうと言えば、我々斡旋（仲買）の仕事をしている者は、それに対応せざるを得ませんから、蒸し度の強い時期が続きました。正平さん（善雄さんの父）は辛かったと思います」

狭山の初期の深蒸しの旨さは、伸一さんも指摘していたところだ。萎凋と葉切れを生じさせない葉打ちにより、水色は青みには欠けるものの、香りが高く、味に奥行きとキレがある深蒸しの製造を可能にしていたのだろう。『印雑一三一』でも紹介したが、静岡市葵区大原の大原第一共同製茶組合では、二分の深蒸しにもかかわらず、香気が立ち、しかも粉にならず、煎が利く深蒸し茶（ヨンコン製）を今でも製造している。もちろんこの奇跡の深蒸しは、萎凋あっての物種であることは、また言うまでもない。

〝火〟（火入れ）に対しても、勝美さんのスタンスはまったくぶれない。

「本来の（茶葉の）器量を無視して火を入れすぎたら、せっかくの茶葉がもったいない。そんなときは、あのおとなしい善雄クンが文句を言います。間野家ではふだん、自家の荒茶をそのまま〝生〟で飲んでいるくらいですから」

生とはむろん、火入れしていない荒茶のことだ。私も善雄さんがつくる荒茶は在来を筆頭に、さやまかおり、やぶきた、ふくみどりとひと通り飲んでいるが、余分な火香のついていない生茶は、どれも品種香がくっきりとわかる素晴らしいお茶である。「火香」と「火入れ香」はもとより別ものであり、その火入れ香も勝美さんの言うとおり、保管のための最底レベルにとどめておくに、しくはない。伝統の〝狭山火入れ《さやまびい》〟は手揉み時代の昔の話であり、それに惑わされる必要はまったくないのである。

勝美さんの製茶の原点（眼目）はもとより萎凋にあるが、生産者の苦労を考えると、ただやたらにそれ（萎凋）の励行を彼らに押しつけることはできない、という。どういうことか？

「萎凋は一日頑張っても、せいぜい二百キロが限度。手間がかかるんです。しかも（茶工場に）広いスペースを必要とする。それに対して対価が出ればいいのですが、萎凋には特別な報酬は払われない。努力しても報われないということなんです」

問屋との間をつなぐ仲買として、勝美さんは微妙かつ複雑な立場におかれている。積極的に萎凋を普及させようと思えば、生産者の負担は大きくなり、下手《へた》をすると共倒れになってしまう。問屋の忍耐力にもおのずと限界がある。だから、狭山茶の別格の目利きである勝美さんにして、ついグチのひとつも口に出したくなる。

「昨今の生産者たちは努力も、研究もしていない。機械をセットして、あとはそこに茶葉を通すだけ。どうして狭山独自の、ここでしかつくれないお茶を目指そうとしないのだろう。スーパーで売られているお茶と同じものをつくって満足しているようでは、話にならない。そう、昔の狭山のお茶（仕上げ茶）はデカかった。今は、静岡と同じになっちゃった。狭山の個性、産地の個性というものが、まったく失われてしまいました」

「〝上乾き〟ぐらいのお茶が本当は旨いんです。今はどの生産者も粗揉機の温度を落としちゃう。その点、高林式は狭山のお茶の製造に向いていた。静岡の機械で揉むと、茶葉（の水色？）がくすんでしまう。どっちにしても、新しい技術にかぶれないで、萎凋香で勝負できる生一本のお茶を目指してほしい。『これこそが狭山茶だ』と自慢できるお茶を取りもどしてもらいたい」

何とも熱いメッセージではないか。機械の技術的な部分は素人の私には十分理解が及ばないが、上乾きのお茶の旨さについては、伸一さんもまったく同じことを言っていた。

ここに語られていることは、太田が『あゆみ』の最終章、「茶業に対する提言」で述べていることとほぼ重なるものであり、ふたりのふる里の茶業に対する愛着と思い入れの深さがしのばれるのである。そして、勝美さんの仲買としての真面目は、次のコメントに如実にうかがうことができる。

「ありがたいことに、備前屋の社長（敬一郎さんのこと）は、先代の（お茶の）〝好み〟まで引き継いでくれた。ふつう（の経営者）なら、いいお茶（本物）よりもまず売れるお茶に走るのに、社長は萎凋香にこだわるどころか、さらにそれを深く追究しようとしている。だからこそ、私は五人の生産者グループの維持ができるわけで、何とか社長の期待に応えたいと、老体にムチ打つ気力もわいてくるんです」

これはまさに、敬一郎さん言うところの〝三方よし〟の関係が見事に築かれていることを示すひと言だろう。

しかし、三方よしが実行に移されるためには、まずもって問屋に本質を見極める眼力があって、しかも売れるお茶に走ることなく、本物を普及させたいという強い意志（理想）がない限り、この関係は成り立たない。六月に備前屋の「値付け」に立ち合ったとき、私は正直「今どきこんな問屋が世の中に存在するのか」と驚いたものだ。

その日、朝早くに備前屋の勝手場にやってきた勝美さんは、敬一郎さんと隣り合わせに着席すると、ふたりは阿吽《あうん》の呼吸で、順次八十をこえるアイテム（荒茶）の〝品定め〟に入ってゆく。それぞれの荒茶のポテンシャルを正確に把握するため、テイスティングはおのおの三煎まで淹《い》れ

上：拝見盆で荒茶をチェックする勝美さん
下：いずれ劣らぬ逸品の荒茶を次々に試飲する

上：値付けの日の敬一郎さん（右）と勝美さん
下：本命の一品、志喜地園の本在来

て、その香味の変化を見極める。すべてのアイテムは勝美さんの細かい指導・指示のもとに製造されたものであり、狭山茶の真髄を体現したものといっていい。ふつうならこのあと、安価なお茶を大量につくるための合組が行われるのが流れだが、その場で議論されたのは、潜在能力の高いおのおのの荒茶の持ち味を消すことなく、いかにしてより上のレベルの商品を実現するかという、高度で挑戦的な擦り合わせだった。

値付けが済んで、店の前に立つふたり

私はこのとき、茶業の現場から失せて久しい理想追究の情熱を肌で感じ、商行為の原点というべきものを目の当たりにした思いだった。ここ（狭山）にはいまだ消費者に胸を張って提供できるお茶があり、それの製造に誇りをもって取り組む茶業者がいる。この地は高林謙三の夢を育み、太田義十が製茶の理想を説いた日本茶の聖域。その伝統は脈々と今に継承され、狭山茶をしてお茶の〝本流〟の座にあらしめている。狭山とはそんな茶産地なのである。

〈増岡園〉
〒358-0042　埼玉県入間市上谷ヶ貫五五一-一
TEL＝04・2936・0250

狭山茶の巨匠がつくるお茶はどれも非の打ちどころがないが、あえて推すなら在来萎凋（荒茶）の「慶長の昔」と「狭山野紅茶」。狭山野紅茶はさやまかおりを原料にした究極の国産紅茶。慶長の昔では在来がもつピュアな香味と、萎凋の妙が味わえる。ふくみどりの萎凋煎茶もスミにおけない。

九章　自園・自製・自販の礎となる家族労働

ＵＶＴの光線をあびる茶葉（比留間園）

どんなに評価しても、しすぎない「偉業」

最初の章（一章）で、比留間嘉章さんが紫外線照射芳香装置（以下ＵＶＴ）の研究・開発に取り組むことになるキッカケについて書いた。そこには、萎凋香を類いまれな芳香ととらえることのできる嘉章さんの豊かな感性（五感）、そしてそうした芳香が出る仕組みを知りたいという強い好奇心が働いていたことを、私は明らかにした。では、具体的にはいつごろから、またどんな過程を経て嘉章さんは現在のＵＶＴの技術レベルに到達したのだろう。ちなみに、このシステムは平成二十二年の「世界お茶まつり」において、世界緑茶協会から〝Ｏ－ＣＨＡパイオニア顕彰チャレンジ賞〟を授与されている。

「茶業についてしばらくしたころ、世間では『近ごろの日本茶には香りが足りない』と盛んに言われていました。たしかに、当時の蒸し製煎茶が半発酵茶や紅茶、フレーバーティーなどと比較して香りに華やかさを感じにくいというのは、紛れもない事実でした。萎凋香に目覚めて間もないころでもあり、そうであれば萎凋香を売り物にする新しいジャンルのお茶があってもいいのでは、と考えたわけです。イメージとしては、半発酵の製法と蒸し製煎茶の製法を融合させてつくる〝微発酵茶〟がありました」

嘉章さんはこう三十年前を振り返る。だが、萎凋香の発揚を求めての試行錯誤では、最初から紫外線を利用する現在の萎凋システムにたどり着いたわけではなかった。紫外線が香りの発揚に対して有効であることに気づくのは、実験をはじめてから十年余りが経過したころのことであり、その前に数え切れないくらいの失敗が重ねられている。たとえば――。

「茶葉の日干萎凋をやると、葉温が上がることを経験的に知っていましたから、まずやったことは生葉コンテナに温風を吹き込んだり、ステンレスメッシュ製のコンベアに赤外線や遠赤外線ヒーターを組み合わせての萎凋実験でした。コンテナの場合、堆積した生葉全体に熱が伝わらず、コンベア方式では短時間の工程で高温を使うため、葉温の急上昇による葉傷みをおこしやすく、良好な香りの発揚にはほど遠かったですね」

このほか、エチレンガスや炭酸ガスを使っての実験など、試みた手法は十指に余るほどだったが、どれも香気発揚のための有効打にはなり得なかった。そんなとき、同じ茶業にいそしむ後輩から、「萎凋には紫外線が利くらしい」と助言される。平成九年のことだった。モノは試しと、日焼け用マシーンを通販で購入し、生葉に当ててみた。すると、たしかに茶葉の香りが変化した。さっそく機械屋（鉄工所）をたずねた嘉章さんは、ベテランの職人に萎凋機のアウトラインを丁寧に説明する。長さ・幅・高さを記入した図面を示して、具体的に「こういうものをつくって！」と製作を依頼した。

問題はその萎凋機に組み合わせるランプ（蛍光管）だった。紫外線は波長の長さによりＵＶＡ（中心波長３５５ｎｍ付近）、ＵＶＢ（中心波長３１０ｎｍ付近）、ＵＶＣ（中心波長２５５ｎｍ）にわかれ、ＵＶＣが殺菌用として利用されていることは、よく知られている。日焼け用マシーンに使われているのはＵＶＡである。生葉への照射実験の結果、萎凋に対してはＵＶＡとＵＶＢが明らかに有効であることがわかり、最終的に人体に害のないＵＶＡが選ばれた。

「十段の棚がある萎凋機には百四十七本の蛍光管が必要で、大手の電器メーカーにあたってみると、東芝ライテックだけがまともに相手をしてくれた。そのほか、大容量の電力を使う機械でもあり、変電所（室）の設備が必要だった。これには二千万の投資をしました。はっきりとした成算があったわけではなく、ただ若さと勢いで突っ走ったというのが、あのときの実態でした」

「九シーズン一緒にお茶をつくってきた父が、ボクが二十九のとき亡くなりました。もし、その後も元気で生きていて、ボクが大金を投じ、失敗を重ねるのを見ていたら、居たたまれずに『ふざけんな！』と怒鳴ったでしょうね。結果として、ボクの七転八倒は父に見られないで済みましたが……」

紫外線の効果が明らかになった翌年（平成十年）から、連続的に生葉を萎凋させることのできる機械の開発・稼動が本格的にスタートする。しかし、構造計算の仕方もわからず、機械の操作も初体験であったため、蛍光管が割れたり、システムが破損するといった事故が頻発した。失敗の連続は、そのまま資金の損失を意味した。

「不安なく使用できるようになるまでに、三年かかりました。最初の稼動からだと二十年近くかかって、その間バージョンアップを繰り返して、やっと現在のシステムにたどり着きました。でも、前にも言いましたように、これが完成形ではなく、今後も改良の余地を残した発展途上の機械だということです」

工場１階の搬入室に運び込まれた茶葉を
チェックする嘉章さん

ここまで嘉章さんの説明を聞いて、私は初対面以来、この異能の茶師を天才肌の職人とばかり思ってきたが、それだけではとても嘉章さんの実像に迫ったことにならない、ということが今さらにわかってきた。この人は天才であると同時に、間違いなく途方もない〝努力の人〟なのだ。戦後、大手製茶機械メーカーが完全に放棄した萎凋機の開発を、嘉章さんは単独で、しかも二十年という長期にわたって地道に継続してきた。これから先だって、機械の改良が足踏みすることはないだろう。こんな手間と金のかかる研究開発を、努力の人でなくて、いったい誰がするだろうか。

ところで、これまでバージョンアップを重ねてきて、現時点で到達したUVTのシステムは、いったいどんな構造になっているのだろう。あまり深入りすると、〝企業秘密〟に抵触しかねないので、ラフなスケッチにとどめておく。ちなみに、UVのあとにつく〝T〟は、taste（味・風味）の頭文字ということだが、芳香システムを謳っている以上、fragrance（芳香）の〝F〟か、もしくはscent（香気）の〝S〟あたりと組み合わせてもらうと、日本茶が香りの時代に入った昨今の世相とも、とてもよくマッチすると思うのだが。嘉章さん、いかがだろうか。

「じつは、最初はUVFと付けていたんです。すると、友人たちから香水などを思い浮かべてよくない、と指摘されまして……。それでわざわざUVTにしたんです」

そんな経緯があったのだ。今からでも遅くないから、もう一度Fにもどしてくれるよう、嘉章さんの英断を待ちたい。さて、先にUVTは十段の棚構造になっていると書いたが、じつはこのコンベア式のシステムの隣には、もう一台攪拌用（振動と静置を兼ねる）の特別の機械があって、この装置は緑茶と半発酵茶の製造の際に使用される。生葉の攪拌をしない紅茶製造では、この機械を使うことはない。

UVTを利用した製茶の流れを改めて記すと、茶工場に運ばれた生葉はまず生葉コンテナに数時間保管（乾燥）され、次にUVTに移されて紫外線照射（光）、続いて攪拌（傷）・静置（乾燥）の工程が課せられる。このあと、一般の蒸し製煎茶の製造工程にしたがえば微発酵煎茶が、また釜炒りにすれば微発酵釜炒り茶となる。

上右：UVTの照射を終えた茶葉を笊に受ける
上左：UVTとセットの攪拌・静置用の装置
　下：半発酵茶用の機械も並ぶ比留間園の工場２階

「通常製茶（微発酵茶）では萎凋に三十分、そのあと攪拌に三十分で、計一時間ていどUVTにかけます。特別なお茶、たとえば半発酵茶や紅茶をつくる場合、機械のバイパスを利用してエンドレスで萎凋を加えることが可能です。それに、きょうのような〝露《つゆ》っ葉〟が運び込まれる曇天で湿度の高い日には、いくら萎凋をしてもいい香気が発揚しません。でも、この機械にかければ、かけない葉と比べると段違いの香気をまといます」

〝きょう〟とは梅雨のまっ盛りの六月二十六日のことで、この日茶工場に運び込まれた生葉はたっぷりの朝露（つまり露っ葉）をふくんでいた。私が工場をたずねた時間帯には、すでにUVTを通過した先口の茶葉が、次の蒸し機からまさに吐き出されてくるところだった。鼻を近づけるまでもなく、蒸し機からは淡いが爽快な萎凋香が立ちのぼり、UVT

右：台湾式の揉捻機に萎凋葉を投入する嘉章さん
左：揉捻を終えた茶葉の玉解きをする嘉章さん

の実力を無言のうちに語りかけてくる。はじめて体験したＵＶＴが生み出す萎凋香に気をとられていると、嘉章さんがこのシステムのメリットをわかりやすく解説してくれた。

「ＵＶＴでつくる微発酵茶は、天候による品質の劣化等を魅力的な香りで上手にカバーしてくれる。しかも、一般的な緑茶生産における生産量の増減に伴う価格の上下といった影響も、受けにくい。微発酵茶をつくることで商品の差別化をはかり、ひいては茶業経営の安定につながれば〝御の字〟でしょう」

手作業に頼らざるを得ない日干萎凋を、何とか機械におき換え、安定的に萎凋葉の生産ができないか――。そこから出発した嘉章さんのＵＶＴ開発の道のりは、二十年を経て大きく実を結び、今、ひとつの到達点を示した。この功績はどんなに高く評価しても、しすぎることはないだろう。嘉章さんもとうに機械化の限界は熟知している。高級茶がＦＡの大型機からはけして生まれないのと同様、最高の萎凋香を求めようとしたら、どんな機械をつくっても手作業にはかなわないことぐらい、茶師のトップに君臨する嘉章さんなら先刻承知のはず。

しかし、若くして萎凋の効果、また魅力を知ってしまった嘉章さんが、萎凋に付随する手作業の手間と労力を軽減し、萎凋葉の安定供給を実現したいと考えたのは、じつにしぜんなことだった。一昨年の秋、農業関係の日刊紙に、大手機械メーカーがようやく本格的な萎凋機の販売に踏み切ったという記事が掲載された。そのとき私は、「半世紀遅い。今まで何をやってきたのか」と、メーカーの怠慢に改めて怒りをおぼえたものだ。それに引き換え、二十年前からひとり黙々と萎凋機の研究開発を進めてきた嘉章さんの努力に、私は心から敬意を表したい。

宝と同じ地元育成の品種へのこだわり

そんな前人未到の境地を切り開いた嘉章さんだが、一方で萎凋香とは真逆の位置にあるはずの新鮮香にも、この天才茶師は柔軟に対応する能力をそなえている。その証拠に嘉章さんは現在、埼玉県手揉茶保存会の現会長であり、平成二十五年にはみずから第二十一回全国手もみ茶品評会において農林水産大臣賞（一等一席）を受賞している。新鮮香のお茶は基本的には〝旨みのお茶〟であり、「嗜好品の命は香り」と疑わない筆者などからすれば、嘉章さんの許容範囲の広さが驚異に映ってしまう。

「萎凋香も新鮮香も、ともに素晴らしい。いろんな技術があって、いろんなお茶があっていい。ひとつのことしかやらない人には、多様性の意味が理解できない。その点、ボクはいろいろなことに手を出し、経験したことが財産となり、とてもよかったと思っている。ただ、萎凋をやると〝変わり者〟と見られてしまう。だから、両極端に挑戦して、それぞれに成果を挙げることで、変わり者と言わせないようにしたんです」

なるほどな、と思う。それにつけ、太田義十がいた狭山にして、萎凋がこれほどまでに軽く見られていたとは、何ともやるせない。製茶の根幹である萎凋をないがしろにする国で、どうして喫茶文化が根付くだろうか。手軽なペットボトルやミル碾《ひ》きの粉末茶は売れても、肝心なリーフの販売が壊滅状態に陥っているのは、けして偶然のことではないのである。萎凋を省いたお茶にあらざるもの、香りのカケラもないエセ嗜好品を売ろうとしても、それに易々とのるほど、消費者もバカではない。高級ワインや選りすぐりのコーヒー豆でしっかり舌や鼻が鍛えられたこの国の消費者は、チッ素（肥料）由来の旨みのお茶が本物のお茶でないことぐらい、とうに見破っている。いまだ旨みに胡座をかいているのは、生産・流通の供給サイドだけである。

その点で、次の嘉章さんの指摘は生産者の心得として、見事に真理を突いていると思う。

「茶農家はただお茶をつくっているだけではダメ。自分のものも、人がつくったものも、なるべくたくさんのお茶を飲み比べて、それを評価できないといけない。そして、挑戦して失敗するのはいい。その失敗はかならずプラスになりますから」

「お茶づくりは、ちょうどいいところでやめておこう、といった類いの業種じゃない。ボクは、とことん突き詰めるべき仕事と観念している。そのとき、常に自分が飲みたいお茶をつくることを、心掛けています。そうしないと、買ってくれる人に自信をもってすすめられないじゃないですか」

嘉章さんの場合、その理想への橋頭堡がＵＶＴであったことは間違いないことだが、この稀代の茶師は十人の生産者グループを束ねる経営者としての横顔も併せもつ。生活に困らない生産者とはいえ、彼らは個々に家庭をもち、その全員が健やかに暮らせる責任を、嘉章さんは負っている。そのためには、茶商の求めに応じて、自分が飲みたいお茶とは違うお茶をつくることもあり得るはずだ。今のところ、双方の好みはほぼ一致しているらしい。

私の中ではそもそも、ＵＶＴの開発に精魂傾ける嘉章さんと、手揉みのチャンピオンである嘉章さんが容易に結びつかない。本人が言うように、狭山で一流の茶師と認められるためには、まず〝両極〟のお茶づくりで一頭地を抜き、誰にも文句を言わせない存在になることが先決なのかもしれない。それを易々とクリアしてしまうところが、天才で、けた違いの努力家である嘉章さんの、嘉章さんたる由縁なのだが……。

最後に、品種に関する興味深いデータを示しておきたい。比留間園の経営面積は全体で二町五反、そのうち自園は一町八反で、さらにそこで栽培している品種の内訳は以下のとおり――。

さやまかおり	45アール
ゆめわかば	33〃
ほくめい	30〃
やぶきた	30〃
むさしかおり	27〃
ふくみどり	8〃
とよか	3〃
さやまみどり	3〃
おくむさし	2〃
おくはるか	2〃

この一覧を見て、何か気付くことはないだろうか。そう、品評会用（出品茶用）のやぶきたを除けばすべて狭山茶試（茶研）の育成品種で、〈さいのみどり〉だけが抜け落ちている。だが、さ

いのみどりはさやまかおりの実生からの選抜であり、嘉章さんがわざわざこれを定植しなかった理由は、双方を同等の品種と見なしているからにほかならない。それよりも、この一覧から感じとってほしいのは、やぶきた全盛のこの時代に、よくぞこれだけ多様な品種を育て、商品として消費者に届けているかということだ。

「埼玉の育成品種へのこだわりは、手揉み・萎凋香と並ぶボクの三つの〝ライフワーク〟のうちの重要な一項であり、何よりも大事にしたいと思っています。足元にこんな素晴らしい宝（品種）があるのに、これを生かそうとする生産者は案外少ないんです」

と、嘉章さん。このリストをはじめてみたとき、今や狭山では（全国でもそう？）不人気品種の代表とされているさやまかおりがトップにランクされていることが、さやまかおりファンの私にはとてもうれしく、改めて嘉章さんの〝目〟の確かさに感じ入ったものだ。二回目のインタビューの際には、嘉章さんはまたこんなことも言っていた。「ゆめわかばの面積がさやまかおりの次に広いのは、品種登録される前からコレに惚れ込んでしまいまして……。正式導入したのも私が最初です」と。このときはまだゆめわかばの品種特性も知らず、私はただこの天才茶師のひと言をノートに書き留めておくだけだった。

後日、日高の備前屋でゆめわかばをはじめて試飲する機会があり、そのとき私は全身に電気が走るのをおぼえた。たしか、そのゆめわかばは萎凋がけの釜炒り仕立てであったはずだが、それが醸す萎凋香（品種香でもある）がこれまでまったく経験したことのない系統の芳香を放っていたからだ。私は国内育成の印雑一三一やみなみさやか、べにひかり、いずみなどを筆頭に、珍しい

上：茶葉の青みが残る半発酵茶「てふてふ」
中：紅茶「熟果蜜香」を急須で淹れてみる
下：比留間園の人気商品

品種はほぼすべて香気のチェックを済ませている。だが、このゆめわかばが発する特上の香気は、それらのどれとも結びつかなかった。

このとき、期せずして嘉章さんの感覚の鋭さを再認識したわけだが、この際、私はゆめわかばが秘める品種としてのポテンシャルを、大いにＰＲしたいと思う。〝蒸し〟でどこまで能力を発揮するかは不明だが、少なくとも釜炒りでは途轍もなく高貴で、珍なる香気を発揚することが確認できた。印雑一三一のように、やぶきた由来の旨みも表には現れてこず、その点でも私はゆめわかばの特性を熱烈に支持したいと思う。将来、日本茶が香りで語られる時代が定着したとき、ゆめわかばは間違いなく主役の座につくことになるだろう。

嘉章さんを除けば、ゆめわかばの大いなる将来性に気づいている関係者は、狭山でもまだそれほど多くないはずだ。お茶の旨みを金科玉条と仰いでいる限り、そうした新時代の可能性は見えてこない。私は今回の狭山茶の取材で、頭が整理できないくらいたくさんの、ステキな出遭いを経験した。ここまで紹介してきた人物たちとの遭遇がその最たるものだが、ゆめわかばの発見もそれに劣らぬ価値あるハプニングだった。たかが品種、されど品種、ゆめわかばの名前をゆめゆめお忘れなく。

興味津々、狭山方式の紅茶づくり

さて、前半の手揉みの段では若手のホープ、中島毅さんの製茶の様子をかなり子細に報告した。

じつは、毅さんは機械製茶においても、並み居る先輩たちに少しもヒケを取らないテクニシャンだ。中島家は根岸（根通り）で二百五十年（毅さんが十四代目）続く大農家だが、本格的にお茶づくりをはじめたのは祖父（昭治さん）の代からだったらしい。

「子どものころの記憶をたどると、小さな製茶機械とともに思い出すのは、庭中に処理できない茶葉が広げられていた光景ですね。それら生葉はしぜんに萎凋してたわけですが、ウチにもたしか志喜地園と同じタイプの送風機がありました。風で茶工場が冷やされるせいか、運転中は室内が冷蔵庫のようにヒンヤリしていたことを覚えています。それと、あのころは茶工場の中とか外といわず、茶期にはお茶の香りが一面に充満していましたね」

茶業に大きく舵を切った祖父は、戦後、入間に手揉みの保存会を立ち上げる。増岡園の伸一さんが属したのもこの会で、のちにここから嘉章さんらが参加した青年部が産声をあげたのだった。だが、毅さんは祖父から直接手揉みの指導を受けたことはなく、高校卒業後に父の勧めで入学した金谷（現島田市）の国立茶試で手揉みの師（萩原豊さん）と運命的な出遭いを果たし、本格的に手揉みに励むことになったわけだ。

現在、狭山の若手ではもっとも積極的に萎凋に取り組む毅さんだが、その背景には祖父以来のこうした恵まれた茶業環境があったのである。昔は備前屋（勇三さんのころか？）とも取り引きがあったというから、萎凋は常に身近にあって、肯定的にそれをとらえることができていたのだろう。世代は違うが、半世紀以上前の牧之原で、萎凋風景の中で萎凋香をかいで育った私は、萎凋を省いたお茶などこの世に存在せず、香りのしない代物を日本茶と呼ぶことじたい、あってはならないことと考える。

思い出すのは伸一さん（増岡園）がみずから体験したエピソードだ。

「紅茶の勉強をはじめたころ、よく静岡方面に出かけて、萎凋のヒントを探していました。あのころは、香気のいい静岡茶が多かった。茶園で摘採を見ていると、まず手摘みで畝のスソの葉を丁寧に摘む。この葉は茶工場ですぐには揉まない。私には見せてくれなかったけど、摘んだ茶葉をどこかに保管して、萎凋をかけていたんです。道理で、あのころの静岡茶は旨くて当たり前だったんです」

私が子どものころには、どこの荒茶工場でも、伸一さんが見たスソ葉のみならず、摘採したすべての生葉を広大な萎凋部屋で夜通し萎凋（静置と攪拌）にかけていた。そこにはフルーツを思わせる甘い香気が充満し、生葉が醸す神秘に子どもながら酔ったものだ。若い世代である毅さんが、そうした萎凋の仕組みやテクニックを理解してくれていることは、何とも頼もしく、喜ばしく感じられてならない。萎凋に取り組む人間を〝変わり者〟と見る風潮がある中で、毅さんは一方で手揉みの第一人者となり、片や機械製茶でもつまらぬ風評におくすることなく、喜々として萎凋に取り組んでいる。

ふたりはお互いをどう見ているかはわからないが、嘉章さんと毅さんの生き方には、どこか通じるものがあるような気がしてならない。世代も違い、経営形態も異なるふたりだが、手揉みに大きな価値を認め、萎凋の意味をはっきり認識している点で、ふたりはじつに近い立ち位置を占めている。天才肌で、しかもそれ以上に努力を惜しまない生き方ができる存在であることでも、ふたりはとても近似していると思う。私が毅さんに嘉章さんの後継者たる資格があると感じる由縁だ。

それはともかく、ここで大西園の、つまり毅さんの生葉の萎凋法を見てみよう。一茶の煎茶づくりに用いる萎凋では、日陰を選んで寒冷紗を併用する。二茶の紅茶づくりでは日干（萎凋）が基本で、時間は一茶・二茶ともに五〜六時間をかける。私は今回、二茶の紅茶の萎凋に立ち合わせてもらったが、その日、茶工場に到着したときには、さやまみどりの萎凋がほぼ仕上がった段階だった。萎凋の現場は、母屋と屋敷林の竹ヤブとの間にひらけた細長いスペースで、そこに寒冷紗が敷かれて、その上に薄く萎凋進行中の茶葉が延べられている。

「日干といっても、片側に竹ヤブが迫っていて適度に光線を遮ってくれるから、ちょうどいいんです。攪拌はくまでを使って、一時間おきぐらいにやります。萎凋した煎茶には〝天日干し〟の名前を冠して、限定で販売します。すべて深蒸しで、品種としてはさやまかおり、ごこう、ふくみどりを使っています。浅蒸しの注文も出てきたので、今後は蒸し度の低い萎凋煎茶にも挑戦してみようと考えています」

深蒸しの萎凋茶で思い出すのは静岡・藁科の大原第一共同の萎凋煎茶（拙著『印雑一三一』参照）だが、大西園のそれの蒸し時間は第一共同の百二十秒より少し短めの百秒ていど。品種の違い（大原第一共同はやぶきた）もあるが、人手による丁寧な萎凋作業の効果は絶大で、天日干し茶の香気は深蒸しとは思えないほど高く、素晴らしい。春限定の天日干し（「天照香茶」と命名）に使う茶葉はさやまかおりで、ふくみどりとごこうは秋限定の天日干しに使用。特にさやまかおりとふく

みどりの萎凋香は特筆に値する。深蒸しでも香気豊かな萎凋煎茶がつくれる例として、大西園の天日干し茶は全国の深蒸し茶農家の格好の目標になるだろう。ただし、それら茶農家が香りのお茶に取り組む気があればの話だが……。

一方、毅さんが紅茶用に選択している品種は、ことし新たに加えたふくみどりとおくみどりのほか、さやまかおり、さやまみどり、そしてごこうの計五種。ごこうは宇治の品種であり、意外な気がしないでもなかったが、いざ商品になったごこう紅茶を試飲してみると、大西園の看板紅茶であるさやまみどりにまったく遜色ない香気を放っている。個人的には、やはりさやまかおりの香気に惹かれるが、そのレベルはもはや増岡園の「狭山野紅茶」（さやまかおりが原料）にしっかり肉迫している。狭山でも相当な人数の生産者が紅茶製造に携わっていると聞くが、まだべに系（べにほまれ・べにひかり・べにふうき）に挑戦している人はいな

出来たてのさやまみどりの紅茶を試飲

いらしい。耐寒性への不安と思われるが、べにひかりなどはまず問題なくこの地にも活着するはずで、狭山種では望み得ないポテンシャル（香気）の高さを実感してほしい。

毅さんの紅茶づくりを見ていて、気付いたことがいくつかある。これまで各地で取材した生産者のやり方とはかなり異なっていて、その点でも興味深かった。まず、大西園には紅茶（製造）用の特別なラインはない。緑茶用の百二十キロラインをそのまま利用している。「浅蒸しには向いていません。中途半端なサイズ」と言ってはばからない毅さんだが、そう言いつつ、若い天才はこのドデカい機械を見事に使いこなしている。

その手順を説明すると――。まず、前日摘採した茶葉は、一昼夜、送風を利かした生葉コンテナで保管する。翌朝から日干萎凋（五～六時間）に入り、本格的に香気の発揚を促す。一般的に、紅茶製造では二十～二十四時間くらいの萎凋時間が必要とされるが、コンテナ送風と日干萎凋を組み合わせる大西園の手法は、ほぼそれと同等の効果を生んでいるに違いない。取材で全国の産地を歩いていると、かならず「いい萎凋方法はないですか？」といった質問を受けるが、萎凋のやり方にはコレといった決まりはなく、生産規模や土地土地の自然条件に応じて、

夫婦で仲良く日干萎凋

最適な手法を編み出すしか、手はない。どう最高の香りを引き出し、いかにそれを茶葉に定着させるか――。

天日干し（日干萎凋）を済ませたら、萎凋葉を葉打ち機に入れ、わずかに温風を利かせつつ、短時間回す。それを寺田の揉捻機に移し、重しをかけないで三十分ほど揉む。揉捻盤は木製で、これが何かしらの効果を生んでいるのかもしれない。

上：葉打ち機を利用しての攪拌作業
下：蒸し機とセットで使う熱風処理機（寺田製）

揉捻機から取り出した茶葉は、工場内の空きスペース（つまり日陰）にゴザを敷いて広げ、約一時間放置（静置）する。この間に徐々に茶葉の発酵が進み、葉の色が赤茶色へと変化していく。

この揉捻・静置のセットをあと二回繰り返す。このときはしっかり揉み胴の重しをかけるようにして、充分揉み込む。一般の紅茶製造（オーソドックス）では、揉捻・静置（発酵）の工程は一回きり（〝篩い上〟を再揉捻することはあるが）だが、これを三回に振り分けて仕上げる狭山方式をじっさいに見て、手間はかかるが、発酵をスムーズに進めるには合理的な方法かもしれないと思った。

上：攪拌を済ませた茶葉を揉捻機に投入
下：120キロの巨大な揉捻機

女性軍による揉捻葉の静置・玉解き

萎凋にさまざまな手法があっていいように、揉み方にもいろいろなやり方があっていい理屈である。要は、最終的に高い香気の紅茶ができれば、その製造工程は高く評価されてしかるべきだろう。

揉捻機から茶葉を取り出す

効率を捨て、物づくりの原点に立ち戻る

この日、大西園の紅茶製造を見せてもらってもっとも感動したのは、その作業が家族総出で、じつに和やか、美しかったことだ。野外での日干萎凋にはじまり、葉打ち機への茶葉の投入、また揉捻葉のゴザへの散布まで、これら作業では三人の〝女性軍〟が見事な連携で毅さんをサポートする。奥さんの伸子《のぶ》さん、お母さんの治子さん、そしてお姉さんの有香《ゆか》さんだ。その姿が単に甲斐甲斐しいだけでなく、仕事のツボを心得ている三人は動作にまったく無駄がなく、工程の進行をより円滑にしていることが、ひと目でわかった。

それは家族労働の手本を見ているような光景だった。ここ半世紀、日本の茶業では機械化・効率化・大型化を目指して共同工場への移行がすすめられてきた。その結果、お茶の本質は忘れ去られ、

萎凋の手間を省いた香りのしない〝まやかし〟が市場を占め、気付いたときには消費者の姿が店頭から消えていた。それが紛うことなき日本茶の現状であり、袋小路にはまった日本茶業の惨状である。ここまできたら、喫茶空間における日本茶の役割は終わったと見るのがしぜんだが、全国にはそれでもなお旧態依然とした業界に見切りをつけ、新しい感性でお茶づくりに取り組む次世代のクリエーターたちが、次々と生まれている。大和高原の岩田文明さん・伊川健一クン、宮崎五ヶ瀬の宮崎亮クン、猿島（茨城）境町の木村昇さんといった面々だ。

彼らに共通しているのは、共同工場の一員ではなく、みな独自の自園・自製・自販のスタイルを築き、それぞれに本質を極めた個性的なお茶で勝負している点だ。そして、今回取材した狭山の生産者たちも、自園・自製・自販で見事に自立した誇り高きオーナーたちばかりだった。わがふる里

萎凋がけしたふくみどり（秋限定）の現物。
深蒸しだが、香りは一級（特級！）

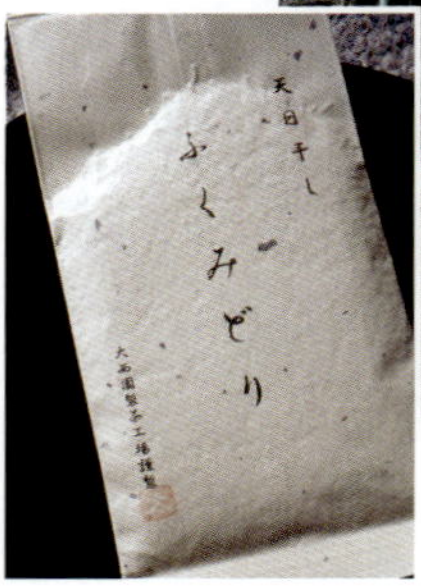

静岡でも、壊滅状態の茶業の実状にあって、一箇所、川根地区だけは堅実な経営を維持している。もちろんここにも自園・自製・自販の基本が定着している。

特に今回、このスタイルが確立されている狭山の茶産地をめぐって思うことは、日本茶という業態には規模の大きな経営はまったく向かない、という結論の正しさだった。〝向かない〟というより、〝必要がない〟といったほうが正しいのかもしれない。それはそうだろう、本質を外さない真っ当な嗜好品が、どうして大量生産のシステムの中で実現できるだろうか。香気豊かで、心身ともに蘇るような日本茶は、人手のかからない巨大なＦＡ工場からは、けして生まれない。

私が言いたいのは、本来最高の嗜好品であった日本茶の再生をはかろうとするなら、効率を捨て、もう一度〝物づくり〟の原点に立ち戻るしかない、ということだ。つまり、自園・自製・自販の価値

右：工場隣にある大西園の販売所（小売コーナー）
左：秋限定、天日干しふくみどりのシンプルなパッケージ

を見直し、家族労働（経営）の意味を再考すべき時代に入った、と私は考える。むろん、ペットボトルやティーバッグで産業としての生き残りをはかる手はあるだろう。だが、それは嗜好品とは別のモノであり、今日本人が直面しているのは、食文化の根幹にあったはずの日本茶の消滅なのである。

〈比留間園〉
〒358-0042　埼玉県入間市上谷ヶ貫六一六
TEL＝0120・514188
UVTによる発酵（萎凋）度合いを比較する意味でも、微発酵煎茶（清花香）、半発酵茶（てふてふ）、紅茶（熟果蜜香）あたりから、まずは極茶人ワールドの門を叩いてほしい。ゆめわかばは「彩の国生まれの品種茶」にラインナップされている。

〈大西園製茶工場〉
〒358-0034　埼玉県入間市根岸二二五九
TEL＝04・2936・1620
深蒸し茶の常識を見事に覆した、天日萎凋を加えた「天照香茶」（春限定で、品種はさやまかおり）。秋限定の天日干し、ふくみどりとごこうも秀逸。また独自の工程で製茶される紅茶も一級。爽快な香気のさやまかおりとさやまみどりで、北の大地の恵みを堪能してほしい。

終章　無農薬へ舵を切る機運は熟した！

備前屋、ふくみどりの幼木園（日高市高萩）

夏を越えて化けたゆめわかばの釜炒り

自園・自製・自販の手法をとっているという意味では、今回の企画（狭山茶）の着火元である備前屋（敬一郎さん）もその典型といっていい。これまで備前屋の自販（小売り）については、仲買の勝美さんとの関係の中でかなり詳しく述べてきた。最後の章で、これまで触れられなかった備前屋の自園・自製のパートを補足しておきたい。

今でこそ備前屋の自家茶園は三反しかないが、かつては相当な面積を有していたらしい。

「最盛期には問屋業のかたわら、一町二反余りの自然仕立て茶園を所有していました。そこから手摘みされる葉をすべて萎凋し、備前屋の上級茶として販売してたんです。当時から、茶農家出身の母（照子さん）が陣頭指揮をとっていました」

と、敬一郎さん。三反に減った茶園はすべてやぶきただったが、三年前から当主の意志で狭山種への改植がはじまった。キッカケは台湾茶との出遭いであったという。

「平成二十一年に偶然東方美人を飲む機会がありまして、そのときは大袈裟でなく、頭をぶち抜かれような感覚を味わいました。翌年、台湾茶の産地をたずねるツアーに参加して、現地でじっさいに製茶する機会に恵まれたんです。狭山品種の萎凋時の香気を知っている者としては、どうしても商品化したくなる。最初はだれかに製造を依頼しようと考えていました。萎凋工程を熟

知した取引先が多いですから……。でも、あまりに唐突で我がままな願望なので躊躇していたら、母が『自分でやればいい！』と背中を押してくれたんです」

台湾から帰った翌年（平成二十三年）、さっそく台湾式（円筒型）の殺青機を手に入れ、釜炒り茶の製造にとりかかる。しかし、自園のやぶきた（の芽）では、期待したような萎凋香は発生してくれなかった。そこで次の年、やぶきたを四畝分改植して、そこに二年生のゆめわかばの苗木千本を植えた。それから三年が経過した去年（平27）の春、はじめてゆめわかばの手摘みが実現したわけだが、幸運にも私はそのとき茶園にいて、歴史的（？）瞬間に立ち合うことができた。五月四日のことだった。

これ以前、敬一郎さんがつくる釜炒り茶は、香りの大家である京都大学名誉教授・坂田完

ゆめわかばの新芽。これが狭山茶の未来を拓くはず

三さんの推薦により、アメリカで開催される茶業イベント『ワールド・ティー・イースト』で紹介されたり(平成二十四年)、平成二十六年の「世界緑茶コンテスト」では早くも最高金賞を獲得してもいる。二十二年の台湾研修からわずかな年数で、敬一郎さんは着実に実績を積み、半発酵の世界でも一頭地を抜く存在感を示しはじめていた。敬一郎さんの場合、父親以来の萎凋香へのこだわりが、半発酵茶製造のノーハウ理解に役立ったであろうことは、容易に理解できる。

さて、店舗にほど近いゆめわかばの圃場では、二十名ばかりの年輩の摘み子さんたちが、照子さんの指揮のもと、気持ちよくのびた新芽の手摘みに余念がない。自然仕立てとはいえ、四年目のゆめわかばの幼木は思いのほか成長が早く、平均してすでに大人の腰ぐらいの高さまで、みずみずしい若い枝を伸ばしている。ゆめわかばの隣の圃場には、同じくこの春(平成二十七年)、四畝のやぶきたを抜根して新植

若手の女性従業員と萎凋に励む敬一郎さん

したふくみどりの小さな苗木が、心もとなげに畝の上に顔を出している。ゆめわかばと同様、見事日高の土に活着できるだろうか。

手摘みされたゆめわかばの生葉は、備前屋の店舗に運ばれ、仕上げ（再製）工場との間にもうけられた萎凋スペースに広げられた。日差しが強すぎる日には七五パーセント遮光の寒冷紗を使い、萎凋具合を調整する。だいたい二時間ぐらいが釜炒りにおける日干萎凋の目安だ。

日干が済んだ茶葉は、平成二十三年に殺青機を導入した際に再製工場脇に併設した萎凋部屋（殺青室）に運び込む。じつは、備前屋の緑茶の再製工場には面白い機械が揃っており、これについても触れたいのだが、紙幅の関係で今回は寄り道はしない。

殺青室でカレイ（笊）に振り分けられた萎凋葉は、室内萎凋でさらに香りの発揚を促されたのち、殺青機を使って〝揺青〟にかけられる。熱を加えないで、ドラムの中で約二十分、揺することで萎凋（発

右：夫婦で萎凋作業。敬一郎さんと奥さんの典子さん
左：萎凋葉を殺青室へ運ぶ

酵）をいっそう促進させる。続いて同じ殺青機を用いて、こんどはしっかり熱を加えての殺青工程（発酵止め）に入る。かける時間は葉の状態（量）にもよるが、五分ていどが目安。機内温度は二百四十度くらい、排気温が百八十度くらいになるようセットするのが、釜炒り茶製造の最大のポイントであるらしい。

続く揉捻工程は、あの独特の望月式（台湾スタイル）の揉捻機を使ってたったの三分。この日は次の中揉（機種はカワサキ）も省略して、敬一郎さんは悠然と揉捻葉を透気乾燥機（カワサキ）に投入する。軸（茎）の水分をとるためもあり、この乾燥作業には十分の時間（約三十五～四十五分）が振り分けられた。だが、ふだん藤枝の「やまに園」（小柳勉さん宅）で超一級の釜炒り茶づくりを見つけている身にとっては、この日の全体的な製造工程（時間）の短さが気になって仕方がなかった。機械の違いがあって一概には言えないが、それでも参考までにやまに園のデータを示

スペースをタップリとった備前屋の再製工場

上右：カレイ（笊）に振り分けられた萎凋葉
上左：殺青機に萎凋葉を投入する敬一郎さん
下：揉捻を終えた茶葉

すと、殺青温度は最高で二百七十度、殺青時間は十五〜二十分と格段に長い。

続く揉捻には古い八木式の四貫機で二十五〜三十分をかける。中揉でも勉さんは茶温を三十六度（人肌）ぐらいに設定して（排気温で五十〜六十度）、四十分〜一時間かけてゆっくり、穏やかに揉み込む。中揉で茶葉の乾燥が進む分、最後の乾燥工程は逆に短くて（長くても二十分）済む。そうして完成した釜炒り茶は、たとえばそれが印雑一三一や藤かおりといった品種であれば、その圧倒的な香気に目が眩《くら》むほどだ。私の釜炒り茶のスタンダードは、こうしたやまに園の最強銘茶が基準になっている。

翻って、敬一郎さんのゆめわかばにもどるなら、その香気は製造工程の途中で想像したとおり、ごくほのかな、優しい香りだった。製造日当日、試飲用にもらったゆめわかばは、青臭さもあって、まだ飲める段階にはなかった。それが夏を越え、秋が深まったころに再度試飲すると、まったく別物に変化していて、驚いた。そのときの感動はすでに前章で書いた。ちなみに、このゆめわかばは日本茶アワード２０１５「香り」のお茶部門で受賞を果たしている。ただし、そうした評価にはひとつの留保（条件）をつけたいと思う。

それは、敬一郎さんをふくめた狭山の生産者たちが、ゆめわかばのポテンシャルを百パーセント引き出しくれたら、という条件つきだ。百パーということはあり得ないことだから、最大限と言い直してもいい。今回、私は巻頭（一章）にも書いたように、狭山の地を旅して、はじめて日本茶の〝本丸〟をのぞいた気分を味わった。面（産地）として萎凋の意味と重要性が理解され、連綿とその伝統が継承されている現場をたずねることができたことは、日本茶のシリーズを書き継

上右：揉捻のあと、玉解きをする敬一郎さん
　左：釜炒り茶づくりの様子を見に来た照子さん
下右：乾燥機に茶葉を入れる
　左：乾燥を終えて完成した釜炒り茶

いできた筆者として、この上ない喜びだった。日本茶の現状に照らしてみれば、この状況はじつに稀有で、あり得ないケースとみることもできる。

〝本流〟の地に課せられた最後の「宿題」

そんな茶の「本流」の地で、ひとつだけ気になったことがある。それはインタビューの中でもしばしば耳にした、〝微〟という頭文字をつけたお茶の呼び方だった。その代表が〝微発酵〟で、これについては他の産地に行っても、同じように耳についてしかたがなかった。お茶の品種はそれぞれ異ったポテンシャルをもつが、それを中途半端に引き出したのでは、その品種の本領はわからない。私が、また故波多野公介（『緑茶最前線』の著者）が藤かおりや印雑一三一の本当の凄さを知ることができたのは、やまに園の小柳三義・勉さん親子がいて、それら品種がもつポテンシャルを、萎凋（発酵）をはじめとするあらゆる技術を駆使することで、トコトン引き出していたからにほかならない。

　重要な品種であればあるほど、〝微〟のレベルでアプローチをやめてはいけないのではないか。そこでやめていたら、その品種にそなわる潜在能力は、いつまでたっても明らかになることはない。仮に、それ（微発酵茶）が消費者からの要求であっても、また商品構成上必要だとしても、生産者たる者、一度は小柳さん親子のように品種の極限に挑戦すべきだと思う。これは私の勝手な言い分であり、香り（萎凋）のトップランナーである敬一郎さんや嘉章さんの前で、わざわざ言うべきことではないのかもしれない。その点、気を悪くされないでほしい。

私の直感が正しければ、前にも書いたように、ゆめわかばは途轍もないポテンシャルを秘めた品種のはず。だからこそ、私は誰かにその潜在能力を百パーセント引き出したお茶をつくってほしいのである。現代という時代相がどっちつかずの、中途半端な生き方を求める傾向にあるからといって、お茶づくりまでそれにならう必要はないのではないか。また、そこまで消費者の我がままに付き合う道理もない。ゆめわかばのポテンシャルを最大限引き出したお茶が完成したとき、微発酵茶しか知らない消費者が、雪崩れを打つように新しいお茶に乗り換えるだろうことを、私は今から予言しておきたいと思う。消費者は単に、本物を知らないだけなのだ。

ところで、ゆめわかばという品種、つくづく罪なお茶だと思う。埼玉茶研で育成された十品種のほとんどに、多かれ少なかれさやまみどり（茶農林五号）のＤＮＡが伝えられていることは、前に書いた。だが、このゆめわかばは両親ともさやまみどりの血を受け継いでいない。種子親はやぶきたで、花粉親は〝埼玉九号〟。埼玉九号の正体はやぶきたの自然交配実生ということで、私はこの交配の組み合わせを知ったとき、絶望的な気分を味わったものだ。

なぜなら、私はやぶきたという品種に子どものころから苦手意識があり、これ（やぶきた）を積極的に飲んだ記憶は、一度もない。その舌にまとわりつくような旨みのため、容易に喉を通らないからだ。私の場合、胸焼けまで誘発されてしまう。だが、そんな両親の組み合わせにもかかわらず、どうして旨みがまったく気にならない、独特の香気をもつゆめわかばが誕生したのだろう。その〝謎〟をとくカギは、父親（埼玉九号）の「やぶきたの自然交配実生」という来歴にある。

つまり、埼玉九号の母方はやぶきたであることは自明であっても、そこに飛んできた花粉（父方）は正体不明なのである。私は先に「ゆめわかばはさやまみどりの血を受け継いでいない」と書いてしまったが、そう断言してはいけなかったのだ。九号の父方がさやまみどりの花粉の可能性も大いにあるわけで、それ以上により高い香気を発揚する台湾種（の花粉）であった可能性も、同様に排除できないのである。個人的には、その特徴ある強い香気から判断して、埼玉九号の花粉親は硬枝紅心等の台湾種であった気がしてならない。

備前屋の自園・自製の話からまた、大きく脱線してしまった。敬一郎さんには、今後も半発酵・釜炒り茶の開発・商品化に努めていただきたいが、店本来の看板は萎凋香煎茶であることを忘れないでほしい。その思いは、備前屋の御意見番である勝美さんも同じように抱いているはずである。太田義十の思いでもある萎凋香の実践・定着をより確実なものにするためには、萎凋手法の更なる研究・深化（すでにとても高いレベルを実現しているが）は必須のものと考える。

大量生産につながる萎凋機の開発（まだはじまったばかりだが）は大手メーカーに任せておけばいいことで、私が願っているのは、最高レベルの萎凋香を実現する、中・小規模製茶における理想的な萎凋手法の実用化だ。産地ごとに自然条件が異なるわけだから、中国のウーロン茶のように、それぞれの土地に合った手法があっていい。最終的に各茶期の生葉から、これが限界と思える萎凋香が引き出せればいいのである。

敬一郎さんだけでなく、今回取材に応じてくれた選りすぐりの生産者たちには、萎凋香の徹底した追究とともに在来の見直し・再評価、そして無施肥・無農薬への転換の可能性を積極的に探っていただきたい。在来に関しては、すでにその価値に気づいている伸一さんや善雄さんの存在もあり、大和高原や近江がそうであるように、いずれは狭山でも在来が広く認知される日がくることを、私は信じて疑わない。

私がいちばん心配しているのは、産地として無農薬への取り組みができるか否か、ということだ。伸一さんのように、とうに無農薬への切り換えを済ませている生産者は、狭山ではまだ例外に属する。〝減農薬〟でお茶を濁しても、最近の賢い消費者は許してくれない。日本茶の消費低迷（激減）の一因（最大要因？）に、消費者の農薬使用への不安・嫌悪があることを、狭山の茶業者はもっと深刻に受けとめるべきだろう。仮にも、今後も茶業で生計を立てたいと願っているのであれば……。

『茶業技術』（埼玉県茶業技術協会）の第57号（二〇一四年）の中で、茶研の戸田秀雄さんが世界遺産・屋久島の茶業の現状を報告している。

「世界遺産であるがゆえに、その保全を考慮し農薬や化学肥料などをほとんど使わず、環境に配慮したお茶づくりをしている」と茶園巡りの感想を記したあと、和食

敬一郎さん試作の白茶（撮影＝清水敬一郎さん）

が世界無形文化遺産に登録されたことに伴い、日本料理に欠かせない飲みものとして「安全なお茶」が（市場で）求められてくる、と戸田さんは結論づける。さらに、「日本茶の輸出において残留農薬が検出され、問題になり輸出の大きな障壁となっているのは事実」と、農薬を取り巻く客観情勢を紹介することも、忘れない。

その上で、今後に向けての技術者としての覚悟が、穏やかな口調ながら、はっきりと述べられている。以下に『茶業技術』から引用する。

私たちが口にする緑茶には農薬が使用されていても、無農薬茶と飲み比べて味が違うわけでもない。〈中略〉無農薬茶であれば必ずしも美味しいとはかぎらない。たしかに、農薬を使用していないものを口にしたい気持ちをもっている消費者も多いと思う。ほとんど農薬や肥料を使用せずにおいしいお茶をつくる技術を開発することも必要だと、屋久島のお茶づくりに触れて考えた。そうした必要に答えるために、（茶業者は）環境と人にやさしいお茶づくりを続けていただきたいと思います。

たったこれだけのことを言うのに、地方公務員の戸田さんがどれだけ勇気を振り絞ったか、容易に想像できる。公務員たる者、現役であるうちは、けして本音を口に出してはいけないことになっているらしい。だからこそ、ここに述べられている戸田さんの誠実な報告は称賛に価し、素直に拍手を送りたいと思う。前述の梶浦さんの発言にも感じられたことだが、埼玉茶研には太田義十以来の本音で議論する伝統が生きているのかもしれない。そうした風土（文化？）を築いた太田の功績を、高林謙三の顕彰とともに、今、再評価すべきときにきているのではないだろうか。

さて、戸田さんがこの結論部分で言っている「ほとんど農薬や肥料を使用せずに」とは、まさに無施肥・無農薬への方向を示唆しているものであり、狭山が産地としてこの方向に舵を切るための機運は、すでに茶研の中に芽生えていたのである。あとは優秀な生産者をふくめた茶業者が、「環境と人にやさしいお茶づくりを続けていただきたい」という戸田さんの本音のリクエストに、どう答えるかだけである。

日本の茶業に新しい指針を提示するためにも、ここは狭山の茶業者は退路を絶ち、死に物狂いでこの悩ましくも、ごく基本的な課題に立ち向かうべきだろう。それができないとしたら、私と敬一郎さんとの出遭いは何の意味もなくなってしまうはずだから……。

備前屋の新シリーズ（「紫にほふ」）

〈備前屋〉
〒350－1213　埼玉県日高市高萩一二三三
TEL＝042・989・2001
萎凋香の醍醐味にふれたいなら、昨秋誕生した「紫にほふ」シリーズをまずチェックしてほしい。〝蒸し〟（手摘み・機械）と〝釜炒り〟があり、釜炒りにはゆめわかばの手摘み（葉）も使われている。コンテストで金賞を受賞した「琥白」は、ふくみどりを主体（合組）とした萎凋香の釜炒り茶で、備前屋の半発酵茶への扉を開いた商品。

あとがき

たぶん、日本茶の産地シリーズとしては、コレが最後の作品になるかもしれない――。そんな思いで取材をし、書きはじめた原稿であったが、思いが強すぎた分、手揉み（の記述）にウェイトをかけすぎたり、歴史的パートが冗漫になってしまったかもしれない。その点、深く反省している。

それはともかく、備前屋の敬一郎さんを介しての狭山の茶業者との出遭いは、本のタイトルに「本流」を謳ったように、じつにインパクトの強い、得難い経験に満ち、満ちていた。それぞれに一家言もった個性派集団でありながら、〝萎凋〟というキーワードで彼らは固く結ばれていた。本文でもふれたが、萎凋を「面」で語れる茶産地は狭山をおいては、ほかにない。萎凋を業界を挙げて排除してきたこの国において、狭山の地にその伝統が脈々と根付いていたことは、ひとつの奇跡といっても過言ではないだろう。

そろそろ、消費者をふくめた国民全体が、〝正気〟にもどる時期にきているのではないか。萎凋の復活とともに高い香気を茶の間にとりもどし、何のメリットもない農薬散布はきょうを限りにやめてはどうだろう。惑星の温暖化が極まり、人類の末路がはっきり見えた今、農薬に見切りをつけることぐらい、子どもでもできるはずだ。

否、善悪の判断は金と効率に生きる大人には難しく、子どものみにそなわった特別の能力なのかもしれない。大人が農薬と肥料に頼る茶業（農業）を続けている限り、子どもたちの中から後継者が育つ可能性はほとんど、ない。なぜなら、彼らは農薬・肥料浸けの茶葉でつくるお茶が容易に喉を通らないことを、体験的に知っている。戸田さんは「無農薬茶であっても必ずしも美味しいとはかぎらない」と書いたが、その美味しさは〝旨み〟が基準になっている。

香りのお茶を愛する新しい喫茶世代にとっては、旨みは余計なものであり、体がそれを受けつけないことも承知している。無農薬はおいしさの十分条件にはなり得なくとも、それが最低限の必要条件であることを、彼らはとうに理解している。これまで、私はお茶が嗜好品の最たるものだという理由で、旨みに対しても寛容な態度をとってきた。しかし、旨みを前面に押し立てて進めてきた日本の茶業は、ここにきて完全に破綻したことが、誰の目にも明らかとなった。それは旨みの敗北であると同時に、農薬とチッ素肥料に頼る日本茶業の敗北でもあった。

戸田さんはまた、「ほとんど農薬や肥料を使用せずにおいしいお茶をつくる技術を開発することも必要」と書いたが、地元の伸一さんをはじめ、全国にはこうした技術開発を早々《はやばや》と済ませた茶師が数多く誕生している。あとは、これら先人たちの努力を無にしないよう、彼らが築いた技術・ノーハウを平準化すべく、業界を挙げてその研究・普及に取り組むべきだろう。

間違っても、慣行農法の先に茶業と人類の未来は、ぜったいにない。

著者略歴

飯田　辰彦（いいだ　たつひこ）

1950（昭和25）年静岡県生まれ。慶応大学文学部卒。ノンフィクション作家。国内・外の風土に根ざしたテーマで、数々の作品を世に送り出している。

著書に『美しき村へ』『あっぱれ！日本のスローフード』（淡交社）、『相撲島』（ハーベスト出版）、『生きている日本のスローフード　宮崎県椎葉村、究極の郷土食』『罠猟師一代九州日向の森に息づく伝統芸』『輝けるミクロの「野生」日向のニホンミツバチ養蜂録』『メキシコ風来　コロニアル・シティの光と陰』『ラスト・ハンター　片桐邦雄の狩猟人生とその「時代」』『口蹄疫を語り継ぐ　29万頭殺処分の「十字架」』『日本茶の「勘所」　あの“香気”はどこへいった？』『日本茶の「源郷」　すべては“宇治”からはじまった』『日本茶の「未来」　“旨み”の煎茶から“香り”の発酵茶へ』『罠師 片桐邦雄　狩猟の極意と自然の終焉』『有東木の盆　日華事変出征兵士からの手紙』『薬師仏の遥かなる旅路　百済王伝説の山里を「掘る」』『日本茶の「回帰」　大和高原に華開いた千二百年の“茶縁”』『印雑一三一　我、日本茶の「正体」究めたり！』『のさらん福は願い申さん　柳田國男『後狩詞記』を腑分けする』『日本茶の「発生」　最澄に由来する近江茶の一流』（以上、鉱脈社）などがある。

日本茶の「本流」

萎凋の伝統を育む孤高の狭山茶

二〇一六年四月二十六日初版印刷
二〇一六年五月二十日初版発行

著者　飯田辰彦©
発行者　川口敦己
発行所　鉱脈社
〒八八〇－八五五一
宮崎市田代町二六三番地
電話　〇九八五－二五－一七五八
郵便振替　〇二〇七〇－七－二三六七

印刷所　有限会社　鉱脈社
製本所　日宝綜合製本株式会社

印刷・製本には万全の注意をしておりますが、万一落丁・乱丁本がありましたら、お買い上げの書店もしくは出版社にてお取り替えいたします。（送料は小社負担）

飯田辰彦の日本茶シリーズ

日本茶の「勘所」

あの"香気"はどこへいった？

日本茶のかくも芳醇な香りの世界。日本茶の香り復活へ——鍵は萎凋にあり。静岡県での茶師たちの「深蒸し」確立への闘いを再検討し、日本茶文化の新しい方向を提示する。

四六判上製［2000円＋税］

日本茶の「源郷」

すべては"宇治"からはじまった

今、日本茶の『源流』でお茶と暮らしのルネサンスがはじまっている。文化発祥の地に息づく伝統と新しい胎動。その源郷を訪ね、日本茶再生への道を探る3部作・第2弾。

四六判上製［2300円＋税］

日本茶の「未来」

"旨み"の煎茶から"香り"の発酵茶へ

いま、確かな流れが日本茶の新しい時代を切りひらきつつある。喫茶の原点を問う。果敢に挑戦する生産者の熱き思いとその先の魅惑の世界。「日本茶」第3作。

四六判上製［2300円＋税］

日本茶の「回帰」

大和高原に華開いた千二百年の"茶縁"

日本人には回帰すべき「日本茶」の伝統がある。その再生へ。大和高原での胎動。『日本茶』シリーズ完結編。

四六判上製［2300円＋税］

日本茶の「発生」

最澄に由来する近江茶の一流

近江の地には《朝宮》とは別に、もうひとつの茶の系統があった。《政所》茶。ふとした茶縁からその在来茶の清々しさに出会った筆者の「日本茶」シリーズ第5作。古代からの茶所の歴史と現代の新しい動きのなかに、「最適規模」の茶業のあり方を知る。

四六判上製［2200円＋税］